私享家

“手作特饮”
系列

手冲咖啡

缪力果 编著

中国轻工业出版社

图书在版编目（CIP）数据

手冲咖啡 / 缪力果编著. -- 北京 : 中国轻工业出版社, 2019.6
（“手作特饮”系列）
ISBN 978-7-5184-2424-5

Ⅰ. ①手… Ⅱ. ①缪… Ⅲ. ①咖啡－基本知识 Ⅳ. ① TS273

中国版本图书馆 CIP 数据核字（2019）第 057249 号

责任编辑：朱启铭　策划编辑：朱启铭　责任终审：劳国强
封面设计：奇文云海　版式设计：金版文化　责任监印：张京华
图文制作：深圳市金版文化发展股份有限公司

出版发行：中国轻工业出版社（北京东长安街 6 号，邮编：100740）
印　　刷：北京博海升彩色印刷有限公司
经　　销：各地新华书店
版　　次：2019 年 6 月第 1 版第 1 次印刷
开　　本：710×1000　1/16　印张：10
字　　数：120 千字
书　　号：ISBN 978-7-5184-2424-5　定价：45.00 元
邮购电话：010-65241695
发行电话：010-85119835　传真：010-85113293
网　　址：http://www.chlip.com.cn
Email:club@chlip.com.cn
如发现图书残缺请直接与我社邮购联系调换
170386S1X101ZBW

c ffee time

第 1 章 一场有深度的咖啡旅行

第 2 章 不可不知的咖啡常识

第3章 咖啡滴滴萃取皆黑金

第4章 高颜值的拉花咖啡

第5章 超人气经典热咖啡

第 6 章　热卖创意冰咖啡

第 7 章　品鉴一杯咖啡

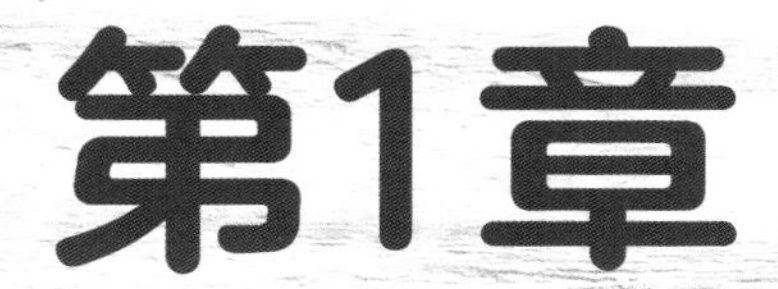

第1章 一场有深度的咖啡旅行

咖啡的发展历史就是一部瑰丽的文化史诗！

数百年来，咖啡用一种最沉默的温柔，

孕育出最浓郁的芳香，过滤出最典雅的气质。

让我们来一趟说走就走的咖啡文化之旅！

周游列国，领略各地咖啡文化

数百年来，咖啡用一种最沉默的温柔，孕育出最浓郁的芳香，萃取出最典雅的气质，营造出最优雅的格调，无可争议地成了世界三大饮料之一。可以说，全世界都在喝咖啡，但又因各国的文化不同，衍生出不同的咖啡文化，形成不同的咖啡风味。

咖啡的故乡——埃塞俄比亚

据说，咖啡是由埃塞俄比亚咖法（Kaffa）地区的牧羊人最先发现的，咖啡的名字也是由“咖法”演变而来。所以，大家都说埃塞俄比亚是咖啡的故乡。埃塞俄比亚出产全世界最好的阿拉比卡种咖啡。

现在，咖法地区仍然有五千多种咖啡树种，其中绝大多数还不被世人所了解。好在这些咖啡树品种都被埃塞俄比亚政府保护起来了，将来可能有更多咖啡树种被发现，世界上就会产生更多咖啡品种。

了解埃塞俄比亚的人都知道，这是一个由许多高山组成的国家。两个站在不同山头的人距离近得完全可以面对面说话，但是如果要走到一起则需要步行数十千米的路程。这种地形完全不适合人工种植咖啡树，所以到现在为止，该国的咖啡大多还都是野生的。这些天然咖啡一直口碑不错，卖相也很好。

埃塞俄比亚人民嗜饮咖啡，一天起码要喝3次咖啡。埃塞俄比亚家家户户都备有咖啡壶和炭炉，他们经常将一种叫“亚当的健康”（Health of Adam）的植物放进咖啡中一起饮用。

天方夜谭式的土耳其占卜咖啡

咖啡在中东国家，宛如《一千零一夜》里的传奇神话，是蒙了面纱的千面女郎，既能帮助人亲近神灵，又是冲洗忧伤的清泉。

土耳其人喝咖啡，喝得慢条斯理，一般还要先加入香料闻香，各式琳琅满目的咖啡壶具，更充满天方夜谭式的风情。一杯加了丁香、豆蔻、肉桂的阿拉伯咖啡，饮用时满室飘香。

传统土耳其咖啡的做法，是将浓黑的咖啡豆磨成细粉，连糖和冷水一起放入红铜质地的咖啡煮具里，以小火慢煮，经反复搅拌和加水，大约20分钟后，一小杯又香又浓的咖啡才算大功告成。由于土耳其人喝咖啡是不过滤的，所以，土耳其咖啡不但表面上有黏黏的泡沫，杯底还有咖啡渣。在中东，受邀到别人家里喝咖啡，代表了主人最诚挚的敬意，因此客人除了要称赞咖啡的香醇外，还要切记即使喝得满嘴渣，也不能喝水，因为那暗示着咖啡不好喝。

喝一杯咖啡，占卜一下一年的运程，几乎是所有土耳其人的习惯。土耳其人根据咖啡喝完后杯里咖啡渣的形状来占卜，因而土耳其咖啡成为世界上唯一一种能“算命”的咖啡。

在土耳其的大街小巷，到处都是咖啡店的招牌，由此可见，土耳其人喜爱喝咖啡。新年里，土耳其占卜咖啡也被当作是新年必饮的节日咖啡。

“魔鬼般”的意大利咖啡

意大利最有名的是浓缩咖啡，浓稠滚烫，好似地狱逃上来的魔鬼，每每一饮便叫人陷入无可言喻的诱惑中，难以忘怀。

意大利人对咖啡情有独钟。起床后，意大利人要做的第一件事就是煮上一杯咖啡，然后从早到晚杯不离手，咖啡是他们生活中最重要的饮品。

意大利人平均每天喝4杯咖啡，早上一杯，午饭后一杯，下午工作前一杯，晚餐后再来一杯。他们将自己定义为“真正的咖啡专家”。

最初的意式咖啡只能称为咖啡型饮料，并不是口感醇厚、馥郁芬芳的意式浓缩咖啡，那是因为当时的技术还无法萃取出浓缩咖啡，直至世界上第一台意式浓缩咖啡机的诞生，才有了真正意义上的浓缩咖啡。

法国人离不开浪漫，也离不开咖啡

咖啡是法国人日常生活中必不可少的一部分。法国人可以一天不吃饭，但是不能一天没有咖啡。可以说，咖啡馆在巴黎无处不在，只要是有人的地方就会有咖啡馆。

早期的法国巴黎塞纳河畔就有很多咖啡厅，那些贫穷的大学生、教授、学者、艺术家、革命者的住所没有取暖设施，为了度过寒冷潮湿的冬天，他们常会购买一杯便宜的咖啡，然后在有火炉的咖啡厅里度过温暖的一天，在这里完成他们的学业或者是艺术作品。

如果有一天你去法国观光旅行，在车水马龙的香榭丽舍大道、美丽的塞纳河畔、幽静的街道，看到那些装修风格各异的咖啡馆，建议你不妨进去坐坐，感受一下那里的环境和氛围。

法国最值得一提的咖啡就是高贵的皇家咖啡。这道咖啡是由一位能征善战的君主发明的，他就是大名鼎鼎的法兰西帝国的君主——拿破仑！皇家咖啡最大的特点是，在饮用时需要用火将白兰地和方糖点燃，让白兰地的芳醇与方糖的焦香融入咖啡中，苦涩中略带着丝丝的甘甜。

另一款值得品鉴的咖啡就是浪漫温馨的庞德咖啡，又称玫瑰咖啡，是法国最流行的花式咖啡之一。浓浓的咖啡香混合着酒香，令人心醉神驰。

美国的“苦役咖啡”

关于美国人喝咖啡的传统最多的说法就是“自由精神”，但别忽略了另外一种说法，那就是美国的“苦役咖啡”。

美国人的生活习惯来自于欧洲移民，然而早期的欧洲移民并非是自愿到那里的，他们中的大多数人是苦役犯，只有少数人是来自欧洲上层社会的殖民统治者。

饮茶是欧洲人的传统，但其费用昂贵。做苦役的人没有钱喝茶，他们在渴了累了的时候只能喝咖啡。但是欧洲传统的咖啡太浓，喝多了会不舒服。为了能够解渴，也为了能省钱，那时的美国人就把咖啡冲泡得非常淡。

到现在为止，有些美式咖啡壶上储水槽的水量刻度还有两个不同的标准：大的那个是美国标准，小的那个则是欧洲标准。

“波士顿倾茶事件”是美国独立战争的导火线。当时殖民地政府对进口茶叶征收高额的关税，激怒了当地的商人。他们联合起来在波士顿举行了一次抗议活动，把大量的茶叶倒入大海。由于茶叶通道被截断，更多当地人转而喝咖啡，这也是美国人喝咖啡比喝茶多的历史原因之一。

美国独立战争之后，当地原本是苦役犯的人驱逐了殖民者，获得了国家主权，但喝淡咖啡的习惯却延续下来。

维也纳飘荡着拿铁香与音乐

咖啡和音乐绝对是维也纳人最引以为傲的东西。整个“音乐之都”不仅飘荡着悠扬的韵律，还弥漫着咖啡的浓香。

在维也纳，有数不清的咖啡馆。“不在咖啡馆，就是在去往咖啡馆的路上。”这句话描述了维也纳人的日常生活。

位于市中心的“中央咖啡馆”是维也纳最著名的咖啡馆之一，这里招待过许多名人，诸如贝多芬、莫扎特、舒伯特等。它曾是诗人、艺术家、剧作家、音乐家和外交官们聚会的场所。这样的咖啡馆在维也纳还有很多，几乎每个老牌咖啡馆都能与名人联系在一起，如果你去维也纳观光旅游，不妨进去坐坐。

在维也纳的咖啡馆，你只要点上一杯咖啡，就可以在这里看书看报、闲聊天，想待多久就待多久。如果你杯中的咖啡喝完了，服务员会主动端来一杯清水，之后还会不断加水,直到你离店。这不是他们在变相地下“逐客令”，而是真诚地希望你能在咖啡馆里享受闲暇的时光。

最流行的明星咖啡

咖啡是什么？简单地说，它就是一种普通的饮料，但它绝不平凡，它是世界三大饮料之一。咖啡的全球贸易量仅次于石油，在世界上是比茶更流行的饮料。咖啡作为世界最流行的饮料之一，无疑受到全世界的欢迎，在传入中国后，咖啡同样也掀起了一股热潮。你知道最好喝的 10 种咖啡是什么吗？要成为咖啡达人，就不能不知道。我们一起来认识一下吧！

苏门答腊岛——曼特宁咖啡

（*Mandheling Coffee*）

在蓝山咖啡还未被发现前，曼特宁曾被视为咖啡中的极品。曼特宁寓意着一种坚忍不拔和“拿得起放得下”的精神，它代表着阳刚。喝起来有种痛快淋漓、汪洋恣肆、纵横驰骋之感，这种口味让男人们心驰神往。

曼特宁咖啡豆虽然其貌不扬，甚至可以说是最丑陋的，但真正了解曼特宁的咖啡迷们都知道，苏门答腊咖啡豆越不好看，味道往往就越好、越醇、越滑。

曼特宁咖啡被认为是世界上最醇厚的咖啡，在品尝曼特宁的时候，你能在舌尖感到明显的润滑。它的酸度虽然较低，但可以被明显地品尝到，跳跃的微酸混合着最浓郁的香味，让你轻易就能捕捉到温和馥郁中的活泼因子。除此之外，这种咖啡还有一种淡淡的泥土芳香，或者说是草本植物的芳香。

牙买加——蓝山咖啡

（Blue Mountain Coffee）

就像汽车中的劳斯莱斯、手表中的劳力士一样，蓝山咖啡集所有好咖啡的品质于一身，成为咖啡世界中无可争议的至尊王者。

纯正的牙买加蓝山咖啡将咖啡中独特的酸、苦、甘、醇等味道完美地融合在一起，形成浓烈的优雅气息，是其他任何咖啡都望尘莫及的。除此之外，优质新鲜的蓝山咖啡风味特别持久，虽然香味较淡，但喝起来却非常醇厚、精致。喜爱蓝山咖啡的人称它为集所有好咖啡优点于一身的“咖啡美人”。

危地马拉——安提瓜咖啡

（Antigua Coffee）

危地马拉的咖啡均呈现温和、醇厚的整体口感，有优雅的香气，并带有类似果酸的特殊而令人愉悦的酸度，俨然成为咖啡中的贵族。其中，安提瓜经典咖啡更是备受全球咖啡鉴赏家推崇。

安提瓜咖啡之所以受到绝大多数咖啡爱好者的追捧，是因为它那与众不同的香味。安提瓜咖啡具有丰富的丝绒般的醇度，浓郁而活泼的香气。当诱人的浓香在你的舌尖徘徊不去时，这其中隐含着一种难以言传的神秘之感。

埃塞俄比亚——哈拉尔咖啡

（Harar Coffee）

埃塞俄比亚哈拉尔咖啡被人们称为“旷野的咖啡”。一杯高品质的哈拉尔咖啡，仿佛旷野里淳朴的姑娘，拥有“天然去雕饰”的美丽，带给人从未有过的原始体验。

埃塞俄比亚哈拉尔咖啡有一种混合的风味，味道醇厚，拥有中度或轻度的酸度，最重要的是，它的咖啡因含量很低，大约只有1.13%。

哥伦比亚——特级咖啡

（Columbian Coffee）

无论是外观还是品质，哥伦比亚特级咖啡都相当优良。这种拥有清淡香味的咖啡，如同出身优越的大家闺秀，有着隐约的娇媚，迷人且恰到好处，让人心生爱慕。

成熟以后的哥伦比亚特级咖啡豆冲煮出来的咖啡颜色像祖母绿那样清澈透明，口味绵软、柔滑，均衡度极好，喝起来让人不可抑制地产生一种温玉满怀的愉悦之感，还带有一丝丝天然牧场上花草的味道。

夏威夷——科纳咖啡

（*Hawaii Kona Coffee*）

科纳咖啡不像印度尼西亚咖啡那样醇厚，也不像非洲咖啡那样酒味浓郁，更不像中南美洲咖啡那样粗犷，它就像从夏威夷风光中走来的沙滩女郎，清新自然，不愠不火。

科纳咖啡豆是世界上外表最美的咖啡豆，它散发着饱满而诱人的光泽。科纳咖啡口味新鲜、清冽，有轻微的酸味，同时有浓郁的芳香，品尝后余味长久。最难得的是，科纳咖啡具有一种兼有葡萄酒香、水果香和香料的混合香味，就像这个火山群岛上五彩斑斓的色彩一样迷人。

波多黎各——尧科特选咖啡

（*Yauco Selecto Coffee*）

尧科特选咖啡与夏威夷的科纳咖啡、牙买加的蓝山咖啡齐名。长期以来，它如同一位色艺俱佳的世间尤物，不仅牢牢地控制住普通咖啡爱好者的味蕾，也被各国王室成员视为咖啡中的极品。

波多黎各尧科特选咖啡具有特殊的醇厚浓郁风味，如雪茄烟草般的熏香气息，将狂野奔放又略带甘甜的口感表露无遗。

厄瓜多尔——加拉帕戈斯咖啡

（Galapagos Coffee）

如同神话中的“海妖”一样，厄瓜多尔加拉帕戈斯咖啡拥有着不可抗拒的魔力。神话中的“海妖”用她的声音让人们意乱情迷，而加拉帕戈斯咖啡则用它无与伦比的芳香，让人们心甘情愿地为之沉迷。

加拉帕戈斯咖啡口味非常均衡清爽，还有一种独特的香味。加拉帕戈斯群岛得天独厚的地理条件赋予了咖啡豆优于其他产地咖啡豆的基因，使得全世界的咖啡爱好者都无法拒绝如此美味的咖啡。并且，由于在厄瓜多尔适于咖啡树生长的土地正在逐渐减少，加拉帕戈斯咖啡更显珍贵，被众多咖啡爱好者称为“咖啡珍品”。

也门——摩卡咖啡

（Mocha Coffee）

如果说，在咖啡中蓝山可以称王的话，摩卡则可以封后了。它是世界上最古老的咖啡，采用最原始的生产方式，拥有全世界最独特、最丰富、最令人着迷的复杂风味：红酒香、干果味、蓝莓味、葡萄味、肉桂味、烟草味、甜香料味、原木味，甚至巧克力味……如同一位百变的艳后，让万千咖啡迷为之神魂颠倒。

肯尼亚——肯尼亚AA咖啡

(Kenya AA Coffee)

肯尼亚AA咖啡是罕见的好咖啡之一，它如同走出非洲的绝世美人，让世界为之惊艳。它带有特别的清爽甜美的水果味，清新却不霸道，能给人完整而神奇的味觉体验。

除了具有明显且迷人的水果酸，肯尼亚咖啡大多来自小咖啡农场，栽植在各种不同环境中，每年遭逢不同的气候、降雨量，因而形成各种鲜明又独特的个性。

以肯尼亚AA咖啡为例，2001年时带有浓郁的乌梅香味，酸性不高，口感浓厚；2002年则呈现出完全不同的风味，带有桑葚浆果与青梅味，伴着少许南洋香料味道，喝完以后口中犹有绿茶的甘香，酸性较前年略提高，口感依然醇厚。这就是肯尼亚咖啡最独特的地方，总是以惊奇的口感让众多的咖啡迷充满期待与惊喜。也正是这个原因，欧洲人非常喜爱肯尼亚的咖啡。

CAFE

第2章
不可不知的咖啡常识

“请给我一杯美式咖啡！”

“我要一杯卡布奇诺，谢谢！”

这是大多数人在咖啡厅脱口而出的日常话语，

但你真的知道咖啡是什么吗？

咖啡豆的“三大家族”

世界上种植最广泛的咖啡树种有 3 种，分别是阿拉比卡咖啡树、罗布斯塔咖啡树和利比瑞卡咖啡树。

高岭之花——阿拉比卡

很多人觉得这是口味最好的咖啡种类，不同的产地会神奇地变化出不同的口味。

阿拉比卡咖啡树主要起源于也门的阿拉伯地区，因此得名Arabica。此种咖啡树比较难栽种，它们喜欢温和的白昼和较凉的夜晚，太冷、太热、太潮湿的气候都会对它们产生致命的打击。

阿拉比卡咖啡是典型的“高岭之花”，属于高地咖啡，其树需要种植在高海拔（1000米以上）的倾斜坡地上，并需要有更高的树来为它遮阴，例如香蕉树或可可树。这种咖啡树自然生长通常可达4～6米高，但是在人工种植的时候，就必须经常打顶修剪，以免长得过高，难以采摘咖啡豆。

由于阿拉比卡咖啡豆的香味奇佳，味道均衡，口味清香、柔和，果酸度高，而且咖啡因含量比较少，所以栽种量占全球咖啡总栽种量的70%以上。

阿拉比卡

速溶咖啡的原材料——罗布斯塔

多数的罗布斯塔种咖啡豆颗粒较小，形状大小不一，外观也不好看，这种咖啡的口味浓重苦涩，酸度较低，香味很淡，主要产于刚果地区。罗布斯塔种咖啡现存的品种不是太多，它的口味比较粗犷，也更苦，香气较淡。

与阿拉比卡咖啡不同的是，罗布斯塔咖啡树生长在海拔低的地区（海拔600米以下），多以野生状态生长，即使在恶劣的环境中也能生存。

罗布斯塔种咖啡的主要生产地是刚果、安哥拉、越南等国。罗布斯塔种咖啡树耐高温、耐寒、耐湿、耐旱，甚至还耐霉菌侵扰。它的适应性极强，在平地就可以生长得非常好，采收可以完全用震荡机器进行。这种咖啡豆多用作混合调配或制造速溶咖啡，其产量占世界咖啡总产量的25%左右，在国际市场中的售价较低。

全世界产量最低的咖啡——利比瑞卡

利比瑞卡咖啡树的产地为非洲的利比里亚，它的栽培历史比其他两种咖啡树短，栽种的地区仅限于非洲西部利比里亚、苏里南、圭亚那等少数几个地方，因此产量不足全世界产量的5%。利比瑞卡咖啡树适合种植于低地，所产的咖啡豆具有极浓的香味及苦味。

罗布斯塔

利比瑞卡

咖啡豆的前世今生

市面售的咖啡豆就是咖啡本来的样子吗？不是的，我们看到的咖啡豆是咖啡果实脱了“大衣”之后，再经过一系列复杂的程序加工而成的。

咖啡豆是将咖啡树果实中的种子烘焙而得的。咖啡树原产于非洲，有许多变种，每一变种都同特定的气候条件和一定的海拔高度有关。野生咖啡树是常绿灌木，高3～3.5米，分枝上有白色小花，具有茉莉花的香味。果实长1.5～1.8厘米，红色，内有相邻排列的两粒种子，每粒种子外均包有内果皮和表膜。

咖啡树从栽种到结果要3～5年之久，6～10年的咖啡树最容易结果实，15～20年树龄是它们的丰收期。咖啡从种子播种到泥土中的那一刻起，便展开了美妙的旅程。

种植咖啡树所需要的条件

咖啡树对生长环境极其挑剔。它性喜凉爽，最适合生长在肥沃且排水良好的土壤之中，覆盖着火山灰的土壤最为理想。雨水要适量，旱、涝都是咖啡树生长的大敌，日照需充足、适时，对灌溉用的水质也有一定要求。

栽培上乘咖啡树的条件相当严格：日照、降水量、土壤、气温等，都会影响到咖啡的品质。以日照来说，虽然它是咖啡树成长及结果不可或缺的要素，但过于强烈的阳光也会影响咖啡树的成长。所以，一般以每日照射两小时为宜。各产地通常会配合种植一些遮阳树，多为香蕉、芒果及豆科植物等树干较高的植物。基于日照和排水的要求，咖啡树一般被种植在山坡上。

咖啡树生长和结果的过程

1. 种子萌芽期

当咖啡种子播种到泥土中，大约需要1～2个月萌发，长出“鹅脖子”状的芽。3～4个月后，芽苗探出泥土，开始向上伸展，此时的芽苗头部还带有咖啡豆种外壳，叶苗在种壳内继续发育生长。

2. 芽苗生长期

4个月的时候，种壳脱落，可以看到2片明显的叶片，但是初期的叶片和咖啡树叶片的形状有很大差异，这只是最早期的叶片，在树苗长大后，这2片叶片会脱落。

3. 苗树茁壮期

9个月时，苗树开始长出咖啡树的雏形，正常形状的咖啡叶片生长出来（此时初期的2片叶片还未掉落）。

4. 第一次开花

约4～5年，苗树长成成熟的咖啡树，第一次开花结果。开花时间约为每年的1～4月，分3次开花，花朵为白色管状，带有淡淡的茉莉花香。

5. 果树成熟期

夏季，白花在一周左右凋谢，长出绿色的咖啡果。4个月后（秋季），绿果果皮开始发黄，经1个月左右，果皮又渐渐转变成红色，待变成深红色后即可采收。此时果实大小、颜色、形状都与樱桃相似，我们称之为“咖啡樱桃”。

咖啡主要栽种在热带、亚热带地区，主要的种植区域分布在以赤道为中心的南、北纬25°之间，此区域又被称为"咖啡带"。因为咖啡树是热带植物，所以需要种植在温暖的地方，若气温低于20℃，则咖啡树无法生长。

咖啡的主要种植区域是拉丁美洲的巴西、哥伦比亚、牙买加、波多黎各、古巴、海地、墨西哥、危地马拉、洪都拉斯，非洲的科特迪瓦、喀麦隆、几内亚、加纳、中非、安哥拉、刚果、埃塞俄比亚、乌干达、肯尼亚、坦桑尼亚、马达加斯加，亚洲的印度尼西亚、越南、印度、菲律宾。

从一粒咖啡果实到一杯咖啡

从一粒咖啡果实到一杯简单的咖啡之间包含着很多道工序，总的来说可以分为：采摘、处理、筛选、烘焙、研磨和萃取。

采摘

当成串的咖啡果实变成红色的时候便可以采收了。咖啡界也看出身，优质的品种会由咖啡农用手一颗颗地将成熟的红色果实摘下；而略次一等的商业豆则没有这么好的待遇，它们均由机器采摘，无论是否成熟，果实都会被一起摘下。

处理

咖啡果实采收后如果放置不管的话，过不了多长时间就会发酵，所以采收后需要立刻将果肉和果核分离。从收获的咖啡果实里取出种子，将种子变成咖啡生豆的过程叫作“处理”。一般可以通过日晒法、水洗法、半水洗法和蜜处理法4种处理方法将咖啡果实变成咖啡生豆。

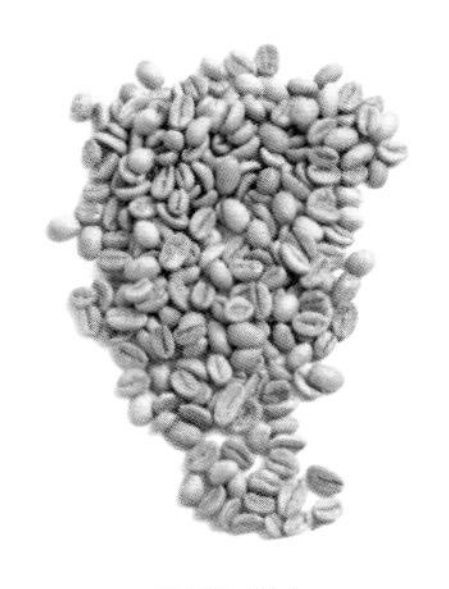

日晒法

咖啡果实在采摘之后被直接置于阳光下晒干，这样可以保留所有的营养物质，这也是现存最古老的处理方法。干燥的过程通常要持续4周左右，要求当地气候极为干燥。在某些地区，人们会利用烘干机辅助加快干燥过程，并更好地控制咖啡果实的干燥程度。

水洗法

把咖啡果实浸泡在水中，除去瑕疵果和异物，捞起泡软的成熟浆果，倒进剥皮机，剥掉果皮和部分果肉，取出种子。种子表面还粘有残余的果肉，用水流把残余的果肉完全洗掉。不过，洗干净的种子表面还有一层厚0.5~2毫米的黏膜，所以还需将带有黏膜的种子堆在大槽中，自然发酵6~80小时，除去黏膜，再用水洗净。最后，将洗净的种子曝晒1~3周，或用机器烘干，使种子的含水率由50%降到12%以下，再用机器打磨去壳，就成了咖啡生豆。

半水洗法

由于水洗法需要源源不绝的活水，很大程度上增加了对环境的污染，所以很多咖啡豆生产基地开始由水洗法转换成半水洗法。用去除果肉的机器去除果肉和果核上的黏膜，然后再进行干燥。由于这种方法减去了发酵过程，所以能大大提高效率。

蜜处理

采摘果实后去除果皮果肉，保留部分或所有黏膜，这种方法在整个中美洲广为流传，哥斯达黎加几乎全部产区都在使用蜜处理法。咖啡豆表层黏膜极为黏滑且糖度极高，因此通常被称为“蜜”。由于黏膜的干燥时间很短，因此在干燥过程中咖啡豆几乎不会发生发酵过程。用这种处理方法加工的咖啡豆酸度要比自然水洗法略高一些，但比水洗法和自然日晒法加工要低很多。

蜜处理后的咖啡生豆一般分为三级：黄、红和黑。颜色的深浅变化取决于咖啡在干燥过程中光照时间的长短。

“黄蜜”保留25%的内果皮

黄色蜜处理咖啡生豆的光照时间最长。光照时间长意味着热度更高，因此这种咖啡豆在1周内便可干燥完成。一般情况下，咖啡豆的干燥时间视当地的气候、温度和湿度条件而定。

“红蜜”保留50%的内果皮

红色蜜处理咖啡生豆的干燥时间为2～3周，通常由于天气原因或置于阴暗处所致。若天气晴朗，种植者要遮蔽部分阳光，以减少光照时间。

“黑蜜”保留100%的内果皮

黑色蜜处理咖啡生豆放在阴暗处干燥的时间最长，光照时间最短。这种咖啡生豆的干燥时间最少为2周。黑色蜜处理咖啡生豆的处理过程最为复杂，人工成本最高，因此价格最为昂贵。

筛选

筛选出咖啡生豆中品质差的豆子，再按照大小、形状和重量的不同通过人工筛选的方式进一步分类。

烘焙

每一颗咖啡豆中都蕴藏着香味、酸味、甘甜、苦味，如何将其淋漓尽致地释放出来，则取决于烘焙的技巧。咖啡生豆经过专业人士对其进行烘焙、混合等加工程序，就达到了可以饮用的初级状态。

生豆

好的烘焙可以将生豆的香味发挥到极致，反之不当的烘焙则会完全毁掉好的豆子。由于在烘焙过程中受热时间，以及温度的控制都非常难以把握，所以烘焙是一项很复杂的技术。

浅度烘焙豆

烘焙大致分为浅度烘焙、中度烘焙和深度烘焙三种。一般浅度烘焙的咖啡豆清爽的风味会比较突出，而且风味表现非常丰富，有花香、果酸、茶味等不同的风味。而中度烘焙的咖啡豆风味比较均衡，既清爽又带有厚重的口感。深度烘焙的豆子风味通常比较浓厚，有烟熏味、巧克力味和木香味等，而且口感较为厚重。

中度烘焙豆

深度烘焙豆

研磨

咖啡豆烘焙好后就进入了下一道工序：研磨。所谓研磨，就是将烘焙后的咖啡豆研磨成粉的过程。研磨出粗细适当的咖啡粉末，对做好一杯咖啡是十分重要的。研磨咖啡豆是一个操作非常简单的活儿，想把咖啡豆磨到什么样的程度，就把咖啡磨（粉碎机）设定到相应的位置。

研磨方法和颗粒大小

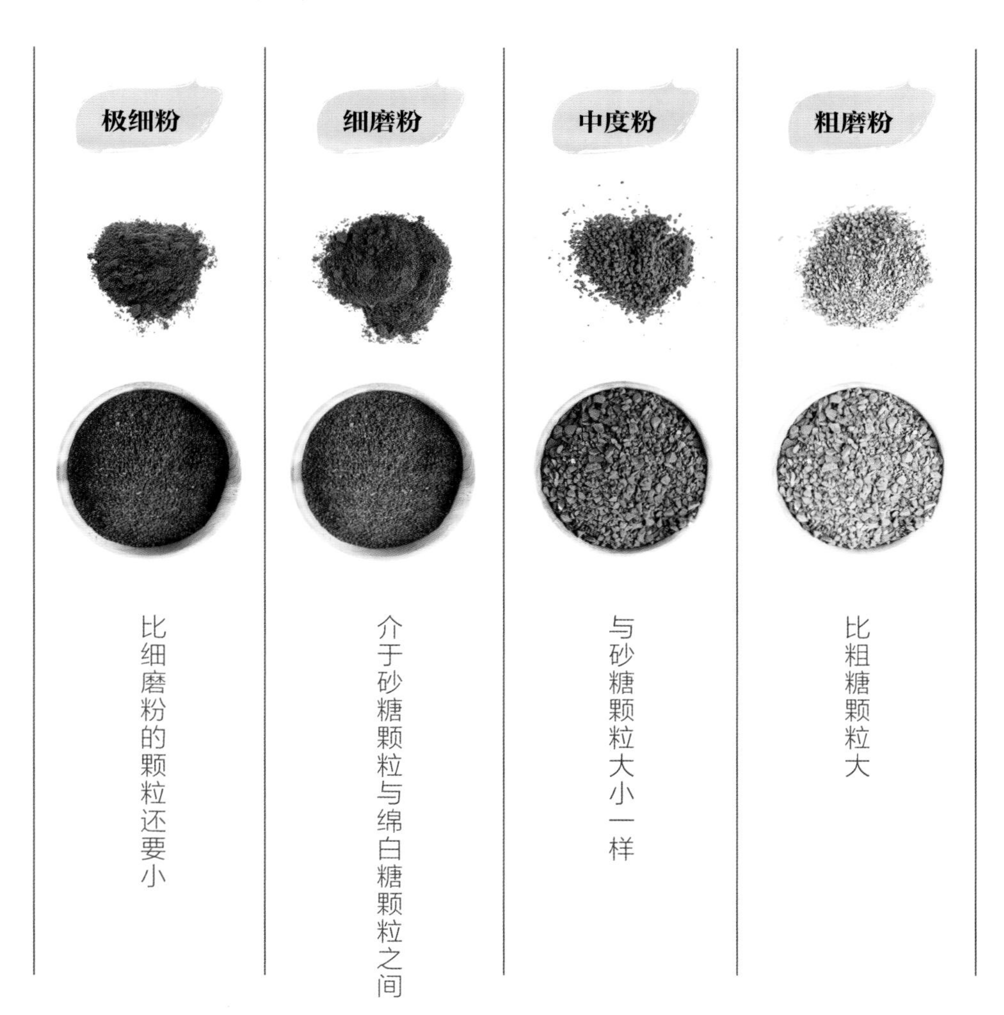

咖啡粉颗粒的大小，对溶解方式和过滤速度都有很大的影响。所以我们要根据萃取方法和器具来选择大小合适的颗粒。极细粉主要用于意大利浓缩咖啡，细粉主要用于简单的萃取（如挂耳式咖啡），中度粉主要用于滤纸滴漏壶和虹吸壶，粗磨粉可用于法式压滤壶。

萃取

将买来的或者是自己研磨的咖啡粉倒入萃取工具中，倒入热水，水将咖啡粉中的可溶性物质释放出来的过程叫咖啡萃取。萃取工具主要有滤纸滴漏壶、法式压滤壶、虹吸壶、摩卡壶等。萃取时，水温（和咖啡粉接触时的水温）、萃取时间（水与咖啡粉的接触时间）和咖啡颗粒大小都会对咖啡的味道产生影响。

咖啡杯的艺术

就如香车配美人、宝剑配英雄，葡萄美酒期待夜光杯的青睐，好咖啡同样期待着与精致的杯子邂逅，这一切都是风雅之事。

选择咖啡杯的要点

有些人喜欢用透明的玻璃杯喝咖啡，将咖啡倒入杯中，并缀上奶油泡沫；而更多的人喜欢用圆润的瓷杯来品尝咖啡的香醇。其中，用高级瓷土混合动物骨粉烧制成的骨瓷，质地轻盈、色泽柔和，而且保温性高，最能留驻咖啡的温热记忆。所以，当你准备在家里品味咖啡时，不妨遵照下面的原则来挑选合适的咖啡杯吧。

咖啡杯的内侧最好是纯白色

咖啡的颜色呈清澈的琥珀色，为了将这种特色表现出来，最好用杯内壁呈白色的咖啡杯。有些咖啡杯内涂上了各种颜色，甚至描上细致的花纹，虽然在摆放时很好看，但反而不能借由咖啡的颜色来分辨咖啡冲泡完成情况以及咖啡品质的好坏。

杯口小且杯壁稍厚

咖啡杯和喝红茶的杯子相比，杯口应更小且杯壁稍厚，这样可以防止咖啡冷却。咖啡杯的容量常规尺寸是200毫升左右，也可根据用途来选择不同大小的瓷杯。

意式咖啡使用的杯子要考虑保温性

意式咖啡用小咖啡杯，滴滤咖啡用大一点的咖啡杯。意式咖啡味道浓郁但量少，为了品尝其美味，应在温度降低之前喝完，因此要用小的咖啡杯，一般都使用100毫升以下的杯子。虽然感觉有点少，但徘徊不去的香醇余味和暖融融的温度，却最能温暖心情和肠胃。

使用玻璃杯来装冰咖啡

冰咖啡大都使用玻璃杯来盛装，玻璃杯是透明的，既可以欣赏咖啡的琥珀色，又可以欣赏牛奶慢慢融入咖啡的样子。此外，根据杯子的大小来选取适量的冰块也很重要。如果杯子中都是冰块，咖啡马上就会变得如水般淡然无味了。

对于咖啡厅来说，选用咖啡杯就不应只图精致美观了，不符合规格的咖啡杯根本无法使用。但现在大多数咖啡杯经销商并不了解规格及用途，不了解什么样的咖啡应该使用什么杯子。因此在购买的时候，首先要了解不同咖啡对杯子的规格要求，然后再考虑它的外观是否精美。

咖啡杯的种类

使用说明

滴滤咖啡没有固定的杯量，对于容量的要求不是很高。欧洲与美国的使用标准不同，欧洲的滴滤咖啡较浓，杯子较小，一般只有120～150毫升；而美国的滴滤咖啡较淡，用的杯子较大，因此美国人常用欧洲人喝啤酒的杯子（马克杯）来喝咖啡。

容量规格

120～300毫升。

外形特征

杯壁较厚，有助于保温。

使用说明

根据所选用的杯子容量，配制比例有所不同，因此咖啡口味也有所差别。

容量规格

150～250毫升。

外形特征

杯壁很厚（既为了保温，又不会显得咖啡太少），杯口不大，一般杯子高度比杯口直径要大一些。

使用说明

意式咖啡的分量较小，所以不适合使用太大的咖啡杯。大的咖啡杯不仅看起来不美观，而且咖啡表面的油脂沫也容易粘在杯壁上，使人们只能喝到很少的油脂沫。

容量规格

50～100毫升。

外形特征

杯壁很厚（既为了保温，也不会显得咖啡太少），杯口不大，一般杯子高度比杯口直径要大一些。

使用说明

这是意大利传统使用的拿铁咖啡杯，如果担心烫手，可以选用带把手的直边玻璃杯或带不锈钢套的玻璃杯。

容量规格

300～350毫升。

外形特征

直边玻璃杯（海波杯），杯底很厚，以免烫手。

使用说明

容量不宜太大，否则不便于架皇家咖啡勺。

容量规格

120～150毫升。

外形特征

外形美观，有皇家用具的感觉。

使用说明

爱尔兰咖啡杯都有固定的容量标准，可以根据杯子容量来调整配制方式。这是一种专用杯，生产厂家会注明每个杯子的名称和用途。一般有两种，一种类似红酒杯子，但不完全相同；还有一种是低脚杯。

容量规格

200～300毫升。

外形特征

杯壁都比较厚，杯脚比较粗。

使用说明

不同的冰咖啡可以选用不同样式的杯子，以便于区别。一般没有特别要求，常用的有果汁杯、啤酒杯、水杯等，这些也都是酒吧常用的杯子。

容量规格

300～400毫升。

外形特征

一般没有特别要求。

使用说明

现在有很多骨瓷杯，样式美观，使用的人比较多。通常用于非标准花式咖啡，样式没有固定标准，只要容量差距不大，不需要大幅度改变咖啡的配制比例就可以。

容量规格

约为200毫升。

外形特征

通常使用杯壁比较厚的咖啡杯，以便于保温。

第3章
咖啡滴滴萃取皆黑金

对于初学者而言，想要调制出色香味俱全的咖啡，

了解萃取咖啡时使用的工具和萃取方式很重要。

调制出一杯顶级咖啡需要多次尝试与练习，

再按照自己的喜好选择合适的萃取工具和萃取方式。

萃取咖啡从磨豆开始

通常我们会将市面上售卖的咖啡豆（这里指的是烘焙好的咖啡豆）用磨豆机磨碎后使用，这样做是为了提取咖啡中的有效成分。所以说磨咖啡豆是制作咖啡的第一步。

买咖啡豆还是咖啡粉

许多新手在决定自己冲泡咖啡时都会面临一个选择：要买咖啡豆还是咖啡粉？

资深的咖啡师绝对会告诉你选择咖啡豆。咖啡豆本质上就是一种食材，而如果想要做一杯好咖啡，食材的新鲜是最重要的。

咖啡豆磨成粉后与空气的接触面积变大了很多，会在非常短的时间内氧化和变质。而且，咖啡粉爱吸味，一旦空气中有其他杂味，如香水味、烟味、蒜味……它就会吸收，最后煮出来的咖啡味道就不那么香醇了。

所以购买时尽量选择咖啡豆，并且现磨现煮，才能保证喝到一杯更好的咖啡。

磨豆机的选择

既然决定购买咖啡豆，现磨现煮，那么拥有一台磨豆机就非常有必要了。磨豆机最大的分类就是手动和电动两大阵营。电动磨豆机效率高、速度快、造型庞大，不利于携带，并且依赖供电。手动磨豆机小巧便携，自己动手研磨更是别有一番风味。因此手动磨豆机和电动磨豆机都无法取代对方。

手动磨豆机的工作原理是通过手工旋转磨豆机的把手，将咖啡豆研成粉末。研磨咖啡的时候，通过上面的调节螺钉调节所需要的咖啡粉粗细度。

当你用手动磨豆机磨得腰酸背痛的时候，你可能就需要一台电动磨豆机了。电动磨豆机效率更高，操作方便。一般商用专业磨豆机都为电动磨豆机，价格相应更高，块头更大。

所以购买磨豆机之前你一定要想好，如果仅仅是为了每天运行几秒钟磨20克的豆子，花大价钱购买这么一个大家伙真的有必要吗？而一些低价的家用电动磨豆机往往有磨出的咖啡粉粗细不均匀的缺点，甚至还有一些价格低廉的电动“砍豆机”，研磨效果相当糟糕，因此同样的价钱不如买一台手动磨豆机更划算。

所以，如果不是制作意式浓缩咖啡，只是在家简单喝一喝咖啡的话，一台手动磨豆机足矣。

常见的咖啡冲泡器具

同一种咖啡豆，冲泡时使用的器具不同，提取方式不同，形成的风味很可能大相径庭。这就要求我们熟悉各种咖啡器具及使用方法，再按照自己的喜好和生活方式选择适合的冲泡器具。

滴漏壶 *Paper Drip*

滴漏壶利用滤纸过滤的方法对咖啡进行手工提取，是最普通的提取方法。其原理是将热水倒在盛在滤纸上的咖啡粉上，热水与咖啡粉充分融合，经过滤之后便可饮用。水在重力作用下滤过咖啡粉，同时带走咖啡粉中的咖啡油脂和其他物质，剩下的咖啡渣会滞留在滤纸之上，咖啡则会流入咖啡杯或咖啡壶里。

咖啡滴滤的过程

步骤	过滤时间（秒）	咖啡提取量（毫升）
浸泡	25～30	出现一两滴提取液的程度
第一次提取	30	70
第二次提取	20	50
第三次提取	40	30

操作过程

❶

使用无漂白的原木浆咖啡滤纸，先折起咖啡滤纸接合的一边，再将滤纸撑开呈漏斗状。

❷

将咖啡壶放置在电子秤上，在咖啡壶上放置手冲滤杯，滤杯中放入折好的咖啡滤纸。

❸

往滤纸上倒入热水，将滤纸浸润，让滤纸和滤杯贴合得更加紧密。剩余的开水倒入咖啡壶中，将咖啡壶温热后将水倒回水壶，这样既能保持器具温热，同时也可将高温的水降到83～85℃的适宜温度。

❹

往滤纸中倒入中度研磨的咖啡粉，摇晃过滤器，平铺咖啡粉。

5

将壶中热水倒入咖啡粉中，此时会出现很丰富的泡沫，咖啡粉的体积也会迅速膨胀，20～30秒后膨胀现象会渐渐消退。当咖啡泡沫表面出现缝隙或分块时，从中心开始往外扩散画螺旋形的方式倒入热水，进行提取。

6

咖啡在重力的作用下慢慢地滴滤下来，当咖啡的提取量达到150毫升时即可。提取结束后加入热水调整咖啡的浓度，再将咖啡壶中的咖啡倒入咖啡杯中即可。

注意要点

用滴漏壶冲泡咖啡，是一种比较难把握的萃取方法，因为在萃取过程中某些操作步骤是较难控制的。例如，在浇入热水时，水会在重力作用下滴下来，其速度取决于咖啡粉的研磨细度，因此其制作品质与咖啡粉的颗粒大小关系紧密。

法式压滤壶 *French Press*

法式压滤壶（简称“法压壶”），是发源于法国的一种由耐热玻璃瓶身和带压杆的金属滤网组成的简单冲泡器具。起初多被用作冲泡红茶，因此也有人称之为冲茶器，家用、店用均可。法压壶造型虽然简单，但压制出来的咖啡却并不简陋，不论是质感、层次感，还是醇度，都达到了品鉴水准，颇受欧美人士钟爱。时至今日，随着咖啡的复兴，越来越多的人开始用法压壶来压制一杯热气腾腾的咖啡。

操作过程

❶

首先需要选择一个双层壶壁、保温性能良好、滤网细密的法压壶（提前给法压壶加热，有些发烧友为了增加法压壶的保温性能，会在壶外围包上热毛巾，甚至将壶浸泡在热水中）。将法压壶的盖子连同过滤网拿出来，壶中倒入适量研磨好的咖啡粉，将30毫升90℃的热水冲入壶中，闷20～30秒，用木棒轻柔搅拌数次，务必将全部咖啡粉浸没。

❷

再往壶中倒入150毫升热水，盖紧盖子，将压杆往下压，使滤网恰好与水平面接触，注意保温，静置3分钟。

3

将压杆匀速平缓向下压，直至将滤网压到底，使咖啡液与咖啡渣分离。（建议使用粗度偏中的研磨咖啡粉，如果咖啡粉研磨过细，不仅咖啡液中会带有一些残存的咖啡渣，破坏口感，咖啡液表面增加的张力也会阻碍压杆平缓下压）

4

将提取出的咖啡倒入加热过的杯子中即成。（一杯成功的法压壶咖啡表面会浮着一层咖啡油，这也是决定它独特口感的重要因素）

清理保存

使用完毕后，用温水冲洗法压壶中残存的咖啡渣，再用柔软的刷子将壶壁好好清理一番。可不能偷懒，因为时间久了，不仅残留物会将法压壶染色，还会使下一次萃取出的咖啡变味。待壶干燥后，再将杯子组装起来即可。

虹吸壶 *Siphon*

虹吸壶俗称“塞风壶”或“虹吸式”咖啡壶，是民间咖啡馆最普遍使用的咖啡壶之一。

近年来所谓的研磨式咖啡（意式浓缩咖啡）大行其道，相较之下这种虹吸式咖啡壶需要较高的技术及较烦琐的程序，在如今分秒必争的社会里有逐渐式微的趋势，但是虹吸壶煮出的咖啡具有的那份香醇是一般以机器冲泡的研磨咖啡所不能比拟的。

虹吸壶在大多数人的印象里总带有一丝神秘的色彩。一般人对它是一知半解，其实虹吸壶与虹吸原理无关，而是利用热胀冷缩原理，通过水加热后产生水蒸气，将下球体的热水推至上壶，待下壶冷却后再把上壶的水吸回来。听起来很玄吗？一点也不。跟着以下步骤做一遍，你就能心领神会啦！

操作过程

❶

将热水倒入下壶中。（如果倒入的水是凉水，就需要用很长时间进行加热，因此最好倒入热水）

❷

把过滤器放进上壶，用手拉住铁链尾端，轻轻钩在玻璃管末端，使过滤器位于上壶的中心部位。（注意不要用力地突然放开钩子，以免损坏上壶的玻璃管）

❸

将底部燃气炉点燃，把上壶斜插入下壶中，等待下壶的水烧开，至冒出连续的大气泡。将橡胶边缘抵住下壶的壶嘴，使铁链浸泡在下壶的水里。

❹

下壶的水开始往上溢，待水完全上升至上壶以后，稍待几秒钟，等上升至上壶的气泡减少一些后再倒进咖啡粉。

5

倒入磨好的咖啡粉，用木勺左右拨动，搅拌10次左右，把咖啡粉均匀地拨开至水里。

6

等待25秒后，用木勺进行第二次搅拌，上壶中会分出咖啡沫、咖啡粉、咖啡液3个层次。

7

第二次搅拌后1分钟左右，熄灭燃气炉，等待咖啡滴入下壶中。当咖啡全部滴落下来时，上壶的咖啡粉会呈现出拱形，这个时候的咖啡口感是最佳的。

8

提取过程结束后，将下壶分离出来，将里面的咖啡倒入加热过的咖啡杯中即可。

清洗虹吸壶的要点及方法

1.首先以手掌轻拍玻璃上座的开口，使咖啡渣松动后倒入垃圾桶。

2.不要急着拆下过滤器，先用水冲掉咖啡渣，再将过滤器拆下用手接住，不要让过滤器掉入水槽接触到咖啡渣，为的是避免咖啡渣从过滤器下方的开口掉入过滤器里面。

3.用清水冲洗过滤器，并轻轻揉搓干净。

4.用一只手握住上壶底部的导管，如果导管不能握全，就握住导管的最底部防止在清洗过程中导管碰到水槽而磕坏。并且用海绵刷子刷洗玻璃上座，注意不要用洗涤灵，用清水冲干净即可。

5.玻璃下球的部分也要用清水冲洗，切忌使用洗涤灵和丝瓜布、钢丝球等，以免刮伤壶体表面。

煮完咖啡之后立刻冲洗咖啡壶，养成这个习惯不但清洗容易，而且可以延长器具的使用寿命。

摩卡壶 *Moka Pot*

摩卡壶是一种用于提取浓缩咖啡的工具，在欧洲和拉丁美洲国家普遍使用，在美国被称为“意式滴滤壶”。

摩卡壶使受压的蒸汽直接接触并穿过咖啡粉饼，将咖啡的内在精髓萃取出来，再加上经常使用深度烘焙的咖啡豆，故而冲泡出来的咖啡具有浓烈的香气及强烈的苦味。咖啡的表面浮现一层薄薄的咖啡油，这层油恰是意大利咖啡美味的来源。因为是浓缩的咖啡，故一般在品尝这种咖啡时，都使用小咖啡杯。

摩卡壶由上座、粉仓、下座3部分组成。下座是盛水的水槽，粉仓用来盛放研磨较细的咖啡粉，上座用来盛提取后的咖啡液。

操作过程

❶

将热水注入下座，水位到达安全阀下的0.5厘米处。将磨好的咖啡粉装满粉槽，然后将粉槽轻磕几下，以确保咖啡粉能充分填实，并且将粉槽周围的粉清理干净。

❷

将上座、粉槽、下座组装好，一定要拧紧，防止摩卡壶漏气。

❸

用小火加热摩卡壶。（新手可以开着盖子观察，否则容易煮过头）

❹

大概两三分钟后，有咖啡液流出。等咖啡液升到壶中金属管70%~80%的高度时关火，否则容易萃取过头。

5

关火后将壶放在冷水泡过的毛巾上搁置30秒，这样也是防止咖啡萃取过度。将提取好的咖啡倒入加热过的咖啡杯中即可。

不同壶型适合不同品质的咖啡豆

1.瘦长型摩卡壶储水容器高、深，受热慢，压力高，适合蒸煮浅度烘焙的咖啡豆。

2.中高型摩卡壶适合蒸煮中度烘焙咖啡豆。

3.矮胖型摩卡壶储水容器宽、低，受热快，压力低，适合蒸煮深度烘焙的咖啡豆。

意式咖啡机 *Espresso Coffee Maker*

意式浓缩咖啡那么苦，为什么还有那么多人爱喝？上面那层“蜜汁油沫”究竟是什么？

意式浓缩咖啡是精细的咖啡粉末在高压的热水水流冲击下提取出来的。用这种方法萃取出的咖啡浓香四溢、口感醇厚，与滴滤式咖啡机依靠重力煮制出来的咖啡是完全不同的口感。

我们平日喝的卡布奇诺、焦糖玛奇朵、拿铁、摩卡等咖啡，其实都是以意式浓缩咖啡作为基础，再添加牛奶、风味糖浆等制成的。所以，一杯好喝的浓缩咖啡是一切美味的开始，也是一杯意式咖啡的灵魂。

意式浓缩咖啡的制作和机器有很大关系，一杯完美的意式浓缩咖啡就像一张优秀的唱片一样，可以称得上是艺术和科技的完美结合。

操作过程

❶

在滤器中盛入细研磨的咖啡粉。

❷

为了使滤器中的咖啡粉中间没有任何空隙，可用填压器在咖啡粉上按压。

❸

按压至咖啡粉表面平整。

❹

将滤器安装在意式咖啡机上，开始提取。确定了意式咖啡机的压力大小和水的温度后开始测量准确的提取时间（最理想的提取时间是1杯20～30秒），最后提取咖啡即可。

注意要点

1.制作双份浓缩咖啡的时间为20～30秒。不管时间多久，当咖啡颜色变浅时，就应该关掉水泵。

2.咖啡粉研磨得越细，水流速度越慢；反之，咖啡粉研磨得越粗，水流速度越快。我们可以通过调整咖啡粉的粗细程度，使咖啡尽量在规定时间内达到目标总重。

家用意式咖啡机的选购技巧

家用意式咖啡机的选择，除了考虑产品硬件质量和材料的卫生性，还需要根据自己的情况来选择：价格、功率（影响从开机到可以做第一杯咖啡需要的时间）、锅炉大小（影响一次可以制作的咖啡数量）、噪音大小、操控性等。

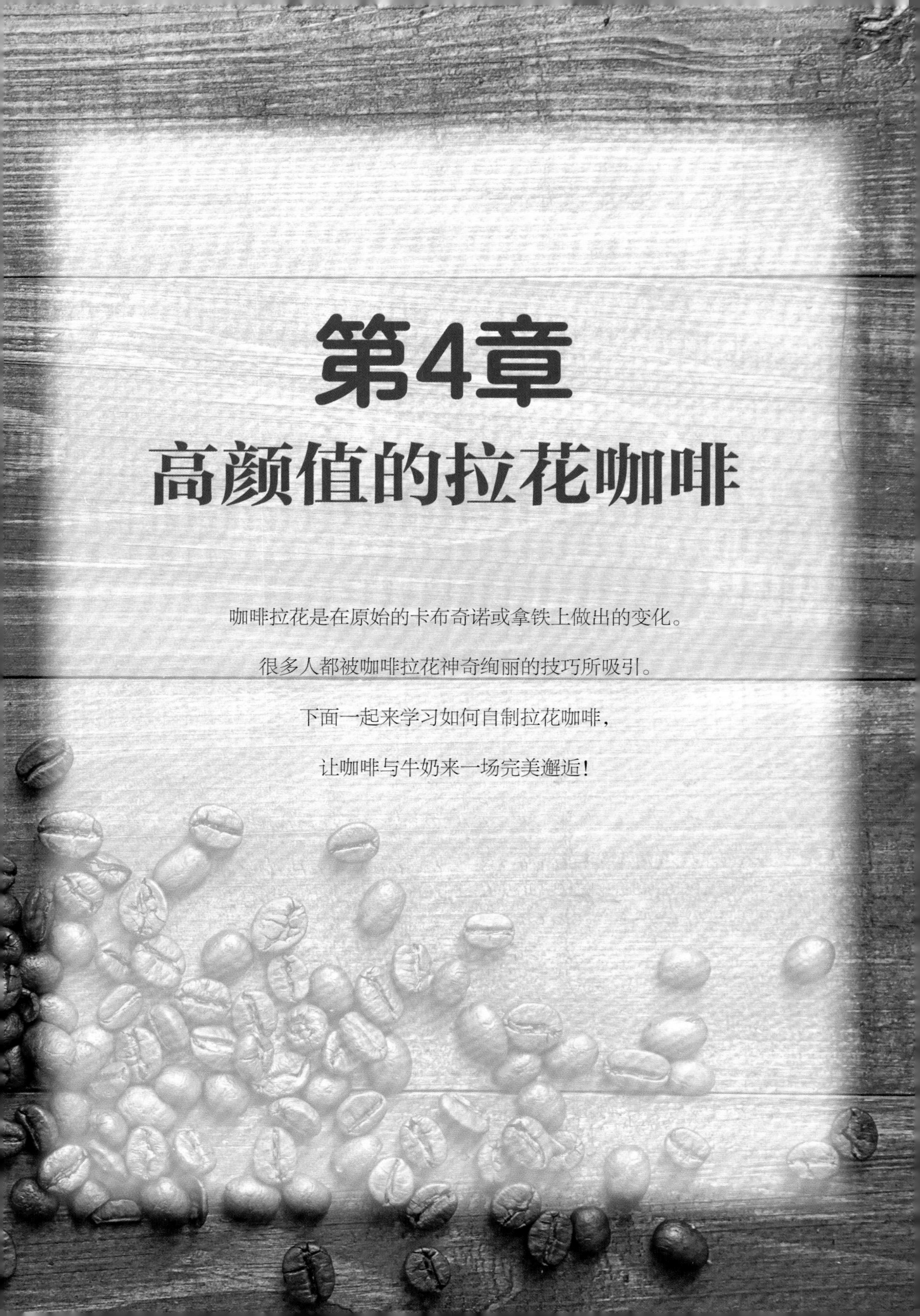

第4章
高颜值的拉花咖啡

咖啡拉花是在原始的卡布奇诺或拿铁上做出的变化。

很多人都被咖啡拉花神奇绚丽的技巧所吸引。

下面一起来学习如何自制拉花咖啡，

让咖啡与牛奶来一场完美邂逅！

一杯拉花咖啡，奶泡是关键

一杯赏心悦目又美味的拉花咖啡，除了使用完美的意式浓缩咖啡外，还需融合绵密温暖的奶泡。所以，要想把拉花咖啡做好，奶泡是关键因素之一。牛奶发泡的基本原理就是往液态状的牛奶中打入空气，利用乳蛋白的表面张力，形成许多细小泡沫，让液态的牛奶体积膨胀，成为泡沫状的牛奶泡。

影响奶泡的 3 个因素

在制作时，奶泡质量常常会不稳定，这是因为奶泡容易受到各种因素的影响。了解并熟悉这些因素的相互作用，是打好优质奶泡的前提。

牛奶温度

牛奶的温度是制作奶泡的重要因素，牛奶的温度每上升2℃，就会缩短一半的保质期。而且温度越高，乳脂肪的分解越多，发泡程度就越低。当牛奶在发泡时，起始的温度越低，蛋白质变性越完整均匀，发泡程度也越高。另外要注意的是，牛奶最佳的保存温度应在4℃左右。冷藏可以延长牛奶的发泡时间，使其能发泡充分、泡沫细腻。拉花缸也可放入冰箱冷藏，以确保牛奶温度的稳定。

牛奶脂肪

一般来说，脂肪的含量越高，奶泡的组织会越绵密，所以，只有使用高脂肪的全脂鲜奶，打出来的奶泡才会又多又绵。

乳脂肪对发泡的影响

脂肪含量：无脂牛乳 < 0.5%
奶泡特性：奶泡比例高、质感粗糙、口感轻
起泡大小：大

脂肪含量：低脂牛乳 <0.5%~1.5%
奶泡特性：奶泡比例中等、质感滑顺、口感较重
起泡大小：中

脂肪含量：全脂牛乳 >3%
奶泡特性：奶泡比例较低、质感稠密、口感厚重
起泡大小：小

拉花缸的大小和形状

拉花缸的大小与要冲煮的咖啡种类有关，越大的咖啡杯量需要越大的拉花缸。一般来说，制作卡布奇诺时使用容量为600毫升的拉花缸，冲煮拿铁咖啡则应使用容量为1000毫升的拉花缸。使用正确、合适的拉花缸才能打出组织细腻的牛奶泡。拉花缸的形状以尖嘴形的为佳，因为它较容易制作出理想的成品。

制作蒸汽奶泡

制作绵密细致的蒸汽奶泡分为两个阶段。

第一个阶段是发泡。发泡就是用蒸汽管向牛奶内打入空气，使牛奶的体积变大，让牛奶发泡。

第二阶段是融合。融合就是利用蒸汽管打出的蒸汽使牛奶在拉花缸内产生漩涡的方式，让牛奶与打入的空气混合，使较大的粗奶泡破裂，分解成细小的泡沫，并让牛奶分子之间产生联结，使奶泡组织变得更加绵密。

在蒸汽奶泡的制作过程中，蒸汽有两个作用，一是加热牛奶，二是将牛奶和空气混合，使牛奶形成一种乳化液，这种乳化液有着天鹅绒般柔滑的质感。

图解手打奶泡的制作过程

选择凉的牛奶

想要打造好的奶泡，就要选用新鲜的低温牛奶，倒入清洗干净的发泡钢杯中。

释放遗留在喷气口的热水

使用意式咖啡机的蒸汽管之前，释放遗留在喷气口中的热水。

将空气注入牛奶中

将咖啡机的蒸汽管伸入鲜奶中0.3~0.5厘米（如果喷气口插入得太深就会出现很大的噪声，牛奶就会变热；如果喷气口离牛奶太远，很容易出现牛奶到处乱溅的现象），旋开蒸汽钮加热至60~65℃，此时奶泡量约八成满或满杯。

奶泡完成

移开发泡钢杯，用湿布擦拭蒸汽管，再次排放蒸汽，避免蒸汽孔被牛奶堵塞；舀出表面较粗糙的奶泡即可。

制作手打奶泡

手动打奶器打出来的奶泡能否用来拉花？答案是肯定的。事实上，手动打奶器非常好用，制作出来的奶泡也能够满足拉花的需求，很多操作者也能自如地操作这个小工具。手动打奶可以用热牛奶，也可以用冷牛奶。热牛奶打成奶泡后可用于拉花咖啡的制作，冷牛奶打发后多用在冰咖啡中。

图解手打奶泡的制作过程

将牛奶倒入奶泡壶

将牛奶（冰牛奶0～5℃，热牛奶65～75℃）倒入发泡钢杯中至1/3～1/2壶。将盖子与滤网盖上，检查发泡钢杯的活塞。

打发牛奶

将盖子与滤网盖上后快速抽动滤网，将空气压入牛奶中。抽动的时候不需要压到底，因为是要将空气打入牛奶中，所以只要在牛奶表面动作即可。次数也不需太多，轻轻地抽动30下左右即可。

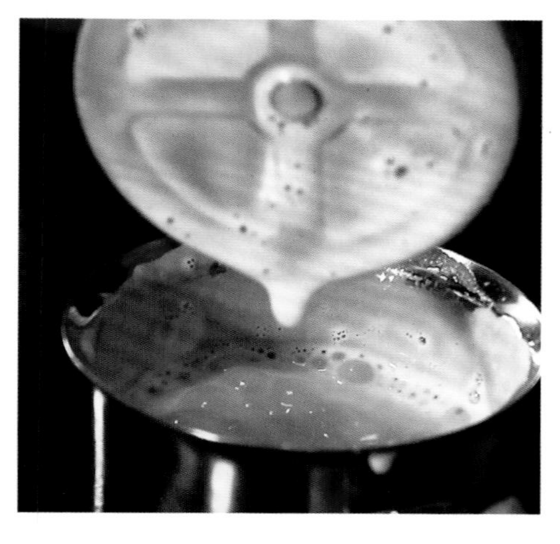

处理奶泡

打完奶泡后垂直抽出活塞，这样有利于把打出的粗泡赶出，再用处理蒸汽奶泡的方法上下震动两三下，使较粗大的奶泡破裂。经过这样的处理，奶泡用起来会更称手。将奶泡倒入拉花缸中即可进行拉花。

与牛奶完美邂逅的拉花咖啡

拉花咖啡是在原始的卡布奇诺或拿铁上做出的变化，只需要用意式咖啡和牛奶就可以调配出最常见的拉花咖啡，所有的人都会被咖啡拉花神奇而绚丽的技巧所深深吸引。

在制作好的意式浓缩咖啡中添加做好的奶泡，等到倒入的奶泡和咖啡充分混合时，表面会呈现浓稠状。由于奶泡体积比较大，所以需要一只比较大的杯子，最好是卡布奇诺杯或马克杯，之后就可以开始拉花了。

拉花的基本手法

咖啡拉花分为两种工艺，即拉花和雕花。

拉花就是将带有奶泡的牛奶倾倒入浓缩咖啡中，使两种泡沫混合形成独特的图案。

雕花，顾名思义，就是用咖啡拉花针，用多余的奶泡或巧克力酱在咖啡表面上勾画出更为细腻的图案。

图解拉花咖啡的制作过程

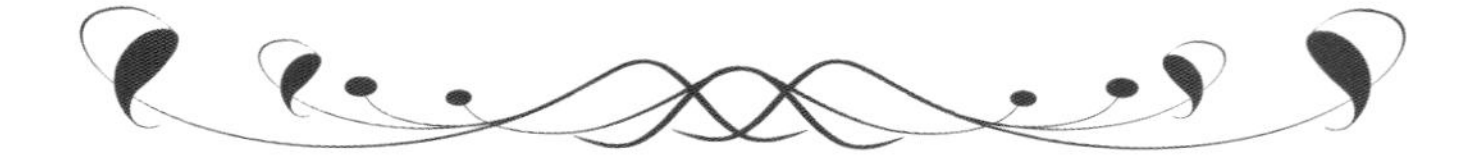

叶子图案做法

1.准备好意式浓缩咖啡和打发好的牛奶，降低奶缸高度。

2.将打发好的牛奶注入意式浓缩咖啡中（防止砸出泡沫）。

3.提高融合（哪里发白冲哪里，把白色部分冲下去，让表面颜色一致）至五分满。

4.杯子倾斜（只要不漏出来越倾斜越好），降低缸嘴高度。

5.离液面1厘米以下，保证奶缸高度与牛奶流速的同时，均匀来回摆动。

6.边摆动边匀速后退，最后收细水流提高收尾。

小熊图案

小熊图案做法

1.准备好意式浓缩咖啡和打发好的牛奶，降低奶缸高度，将打发好的牛奶注入意式浓缩咖啡中（防止砸出泡沫）。提高融合（哪里发白冲哪里，把白色部分冲下去让表面颜色一致）至五分满。

2.杯子倾斜（只要不漏出来越倾斜越好），降低缸嘴高度，离液面1厘米以下。

3.在液面1/3的位置倾倒出一个圆形。

4.用拉花针粘着奶泡勾勒出小熊的耳朵轮廓。

5.调整小熊的耳朵大小。

6.用拉花针粘着咖啡液勾勒出小熊的耳朵内部轮廓。

7.用拉花针粘着咖啡液勾勒出小熊的鼻子。

8.再用拉花针粘着咖啡液勾勒出小熊的嘴巴。

9.最后给小熊点上眼睛。

第5章
超人气经典热咖啡

在这个讲究高效率的时代，

大多数人喝咖啡选择从咖啡店购买。

它给我们带来了便利，但也因此失去了一种情怀。

亲手煮一杯热咖啡，享受甜蜜的下午茶时光！

意式浓缩咖啡

最初先学会的是一杯 Espresso，
最后最难的也是一杯 Espresso。
Espresso 是很多咖啡的灵魂，民间叫它“意式浓缩咖啡”，
顾名思义，来自意大利，浓度高、口味重。

Recipe

配方

咖啡豆……………………20 克

Tools

工具

电动磨豆机……………1 台
意式咖啡机……………1 台
压粉器……………………1 个
咖啡杯……………………1 个

How to Make

一杯好咖啡的制作步骤

1 将咖啡豆放入电动磨豆机中，将其磨成粉末（极细粉）。

2 在滤器中盛入磨好的咖啡粉。

3 用压粉器稍稍压平咖啡粉的表面。

4 再用平整机在咖啡粉上按压，至其表面平整。

5 将滤器安装在意式咖啡机上，开始萃取。

6 将萃取好的咖啡液接入杯子中即可。

Tips

打奶泡的时候，表面的牛奶与空气混合较剧烈，所以形成的奶泡较粗糙。

MACCHIATO

玛琪雅朵

Recipe

配方

意式浓缩咖啡……30 毫升
牛奶………………适量
咖啡粉……………少许

Tools

工具

意式咖啡机………1 台
咖啡杯……………1 个
发泡钢杯…………1 个

How to Make

制作步骤

1 用意式咖啡机萃取出 30 毫升意式浓缩咖啡（意式咖啡机萃取方法见 62 页），备用。
2 将牛奶倒入发泡钢杯中，用意式咖啡机蒸汽管打发至发泡。
3 将萃取好的意式浓缩咖啡倒入咖啡杯中，铺上一层奶泡，撒上少许咖啡粉装饰即可。

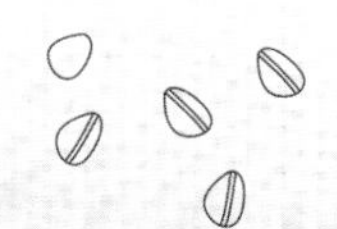

热拿铁

Recipe

配方

意式浓缩咖啡……30 毫升
黄糖……10 克
牛奶……适量

Tools

工具

意式咖啡机……1 台
发泡钢杯……1 个
咖啡杯……1 个

How to Make

制作步骤

1 将牛奶倒入发泡钢杯中，用意式咖啡机蒸汽管打发至发泡。
2 将意式浓缩咖啡注入咖啡杯中，加入黄糖，搅拌均匀。
3 再缓缓注入打发好的奶泡，注入时拉出爱心花纹装饰即可。

焦糖玛奇朵

“Macchiato”在意大利文里的意思是“烙印”，
焦糖玛奇朵加了焦糖，
代表着“甜蜜的印记”。

Recipe

配方

意式浓缩咖啡……30 毫升
香草糖浆……………10 克
牛奶………………150 毫升
焦糖酱………………适量

Tools

工具

意式咖啡机……………1 台
发泡钢杯………………1 个
咖啡杯…………………1 个

How to Make

一杯好咖啡的制作步骤

1 用咖啡机萃取出浓缩咖啡（意式咖啡机萃取方法见62页）。

2 将牛奶倒入发泡钢杯中，用意式咖啡机蒸汽管打发成奶泡。

3 往咖啡杯中挤入香草糖浆。

4 倒入用牛奶打好的奶泡。

5 将意式浓缩咖啡倒入咖啡杯中。

6 最后挤上焦糖酱装饰即可。

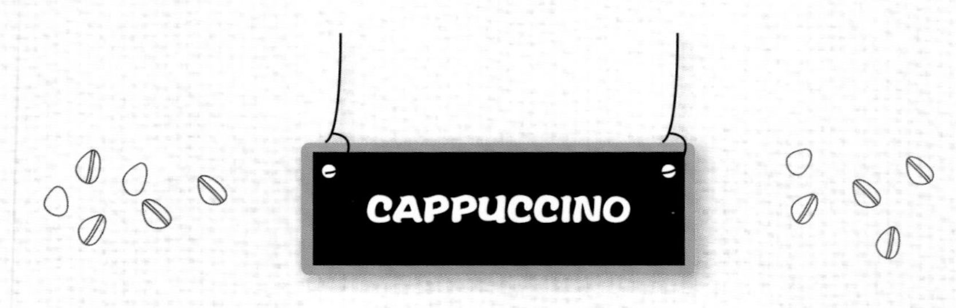

卡布奇诺

休闲的下午，捧着一本书，
坐在咖啡厅靠窗的沙发上，
望着窗外，香气盈鼻，品尝一口卡布奇诺咖啡，
甜中带苦，最后当味道停留在口中，又会多了一份香醇和隽永。

Recipe

配方

咖啡豆……………………20 克
冰牛奶……………150 毫升

Tools

工具

电动磨豆机……………1 台
意式咖啡机……………1 台
压粉器……………………1 个
咖啡杯……………………1 个
发泡钢杯………………1 个

How to Make

一杯好咖啡的制作步骤

1 将咖啡豆放入电动磨豆机中，将其磨成粉末（极细粉）。

2 在滤器中盛入咖啡粉，用压粉器将表面按压平整。

3 用意式咖啡机制作出一杯浓缩咖啡。

4 将冰牛奶倒入发泡钢杯中，用意式咖啡机蒸汽管打发成奶泡。

5 在意式浓缩咖啡中倒入用冰牛奶打至发泡的奶泡。

6 拉出爱心图案即可。

Tips

在咖啡中加入适量的牛奶和白巧克力酱，极大地冲淡了咖啡的苦涩味，比较适合喜欢口感偏甜的人饮用。

WHITE COFFEE

白咖啡

Recipe

配方

意式浓缩咖啡……60 毫升
牛奶……200 毫升
白巧克力酱……20 克
可可粉……适量

Tools

工具

意式浓缩咖啡机……1 台
咖啡杯……1 个
发泡钢杯……1 个

How to Make

制作步骤

1 用意式咖啡机制作出一杯浓缩咖啡（意式咖啡机萃取做法见 62 页）。

2 将牛奶倒入发泡钢杯中，用意式咖啡机蒸汽管加热至微微起泡。

3 咖啡杯中放入意式浓缩咖啡、白巧克力酱搅拌均匀。

4 倒入加热过的牛奶、适量可可粉拌匀即可。

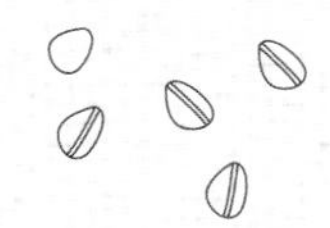

布雷卫咖啡

Recipe

配方

意式浓缩咖啡……30 毫升
冰牛奶………………75 毫升
奶油……………………75 克
黄糖、可可粉…… 各少许
奶泡、巧克力碎… 各适量

Tools

工具

意式浓缩咖啡机……… 1 台
咖啡杯………………………1 个
发泡钢杯……………………1 个

How to Make

制作步骤

1 用意式咖啡机制作出一杯浓缩咖啡（意式咖啡机萃取做法见 62 页）。
2 将冰牛奶、奶油、黄糖一起放入发泡钢杯中，用意式咖啡机蒸汽管加热至约 40℃。
3 咖啡杯中倒入浓缩咖啡，放入加热后的鲜奶混合物。
4 再铺上一层奶泡，撒上可可粉、巧克力碎即可。

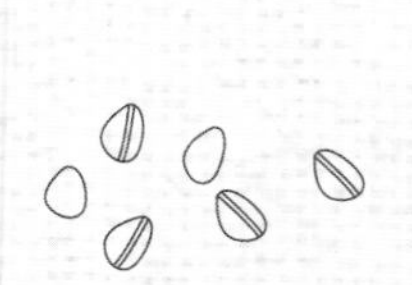

美式咖啡

并不浓重的丝丝咖啡香，
正是让我们着迷的地方。
随性自由的美国大兵创造了它，
决定了它独特的淡薄风味。

Recipe

配方

60℃热水……………300 毫升
咖啡豆………………18 克
清水…………………80 毫升

Tools

工具

电动磨豆机……………1 台
摩卡壶…………………1 个
煤气炉…………………1 台
玻璃杯…………………1 个

How to Make

一杯好咖啡的制作步骤

1 将咖啡豆放入电动磨豆机中，磨成粉状（中度粉）。

2 将磨好的咖啡粉放入摩卡壶的粉槽中，压紧。

3 往摩卡壶的下座倒入清水。

4 将粉槽安装到咖啡壶下座上，再将上座与下座连接起来。

5 将摩卡壶放在煤气炉上加热3~5分钟，提取完所有的咖啡后将摩卡壶从煤气炉上取下。

6 将煮好咖啡倒入玻璃杯中，加入60℃热水，饮用时搅拌均匀即可。

Tips

为了能真正品尝出土耳其咖啡独特的味道，最好事先准备一杯冰水。

TURKISH COFFEE

土耳其咖啡

Recipe

配方

咖啡粉（极细粉）··10克
清水················100毫升

Tools

工具

土耳其咖啡壶··········1个
咖啡杯····················1个
煤气炉·····················1台

How to Make

制作步骤

1 在土耳其咖啡壶中倒入清水，放入咖啡粉。

2 放在煤气炉上加热搅拌，搅拌时需轻柔缓慢，避免将液面的粉层搅散。

3 在咖啡即将沸腾，即表面出现了一层金黄色的泡沫，并迅速涌上时立即离火。

4 待泡沫落下后再放回火上，经过几次沸腾，等到水煮到只剩原来的一半时，将上层澄清的咖啡液倒入咖啡杯即可。

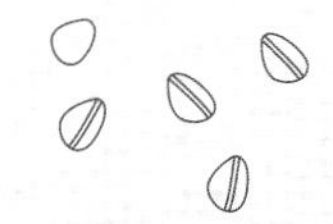

诺曼底咖啡

Recipe

配方

意式浓缩咖啡……30 毫升
苹果白兰地酒……20 毫升
肉桂果露……………8 毫升
牛奶……………… 200 毫升
奶泡…………………25 毫升
黑巧克力液…………… 适量

Tools

工具

意式咖啡机……………1 台
咖啡杯…………………1 个
发泡钢杯………………1 个

How to Make

制作步骤

1 用意式咖啡机萃取出浓缩咖啡（意式咖啡机萃取做法见 62 页），倒入咖啡杯中。

2 杯中再倒入苹果白兰地酒、肉桂果露，搅拌均匀。

3 将备好的牛奶倒入发泡钢杯中，用意式咖啡机蒸汽管加热至约 65℃，倒入咖啡杯中。

4 将奶泡铺在咖啡上，再用黑巧克力液画上大理石纹装饰即可。

摩卡

摩卡，一种最古老的咖啡，
其历史要追溯到咖啡的起源时。
如今的摩卡，已经不属于单纯的咖啡了，
融入温热牛奶与巧克力糖浆的甜美，更加适合大众口味。

Recipe

配方

40℃牛奶⋯⋯⋯250 毫升
咖啡豆⋯⋯⋯⋯⋯⋯15 克
清水⋯⋯⋯⋯⋯⋯50 毫升
巧克力酱⋯⋯⋯⋯⋯适量
打发淡奶油⋯⋯⋯⋯适量

Tools

工具

磨豆机⋯⋯⋯⋯⋯⋯⋯1 台
摩卡壶⋯⋯⋯⋯⋯⋯⋯1 个
煤气炉⋯⋯⋯⋯⋯⋯⋯1 个
咖啡杯⋯⋯⋯⋯⋯⋯⋯1 个
奶油枪⋯⋯⋯⋯⋯⋯⋯1 个

How to Make

一杯好咖啡的制作步骤

1 用磨豆机将咖啡豆磨成粉状（中度粉），将咖啡粉放入摩卡壶的粉槽中。

2 往摩卡壶的下座倒入清水，将粉槽安装到咖啡壶下座上。

3 将咖啡壶的上座与下座连接起来。

4 将摩卡壶放在煤气炉上加热3~5分钟，出现咖啡往外溢出的现象。

5 往咖啡杯中挤入巧克力酱，倒入煮好的咖啡，拌匀，倒入40℃牛奶，搅拌均匀。

6 将打发淡奶油倒入奶油枪中，往杯子上挤上打发好的淡奶油，淋上适量巧克力酱即可。

爱尔兰咖啡

多年前的爱尔兰都柏林机场，一位酒保爱上了一位空姐，
他想为她调制一杯隐藏着心意密码的咖啡。
一年后，空姐终于在机场喝到了这杯咖啡，
但他并没有机会告诉她，他爱她……

Recipe

配方

咖啡豆……………………15 克
热水…………………270 毫升
威士忌……………50 毫升
打发淡奶油…………… 适量

Tools

工具

磨豆机……………………1 台
虹吸壶……………………1 个
木勺………………………1 把
酒精灯……………………1 个
咖啡杯……………………1 个

How to Make

一杯好咖啡的制作步骤

1 将咖啡豆放入磨豆机中，磨成粉状（中度粉）。

2 将热水倒入虹吸壶下壶中；把过滤器放进上壶。

3 将底部燃气炉点燃，把上壶斜插入下壶中。

4 在下壶的水完全上升至上壶以后，倒入咖啡粉，用木勺拌匀。

5 25 秒钟后，用木勺进行第二次搅拌，第二次搅拌后 1 分钟左右熄灭燃气炉，等待咖啡滴入下壶中。

6 用酒精灯加热杯子中的威士忌，倒入萃取好的咖啡，在杯顶挤上打发淡奶油封顶即可。

Tips

喝咖啡要趁热。因为咖啡中的单宁酸很容易在冷却的过程中起变化，使口味变酸。

BROWN SUGAR COFFEE

冲绳红糖咖啡

Recipe

配方

意式浓缩咖啡……30 毫升
冰牛奶……120 毫升
红糖……适量

Tools

工具

意式咖啡机……1 台
咖啡杯……1 个
发泡钢杯……1 个

How to Make

制作步骤

1 将意式浓缩咖啡倒入咖啡杯中。
2 将冰牛奶、红糖放入发泡钢杯中搅拌均匀，再用意式咖啡机蒸汽管将牛奶加热至 65℃，打发成奶泡。
3 将打发好的奶泡注入咖啡杯中，拉出小熊图案即可。

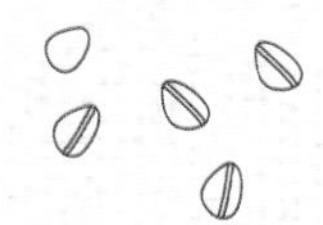

法式欧蕾咖啡

Recipe

配方

咖啡豆……………………15克
热牛奶……………150毫升
黄糖………………………10克
热水…………………180毫升

Tools

工具

手冲滤杯………………1个
咖啡壶…………………1个
手冲壶…………………1把
滤纸……………………1张
磨豆机…………………1台
咖啡杯…………………1个

How to Make

制作步骤

1 将咖啡豆用磨豆机磨成粉（中度粉）。

2 将滤纸折好，放入手冲滤杯中，用水冲壶往滤纸上倒入热水，将滤纸浸润。

3 往滤纸中倒入咖啡粉，摇晃手冲滤杯，平铺咖啡粉。

4 将热水倒入咖啡粉中，萃取150毫升黑咖啡，流入咖啡壶中。

5 将萃取出的黑咖啡以及热牛奶一起倒入咖啡杯中，最后放入黄糖，搅拌均匀即可。

黄油咖啡

每天清晨，一杯加入一汤匙黄油的咖啡，
成为风靡美国的减肥神器。
这种神奇的瘦身新宠，
近来正在全球掀起瘦身热潮！

Recipe

配方

黄油……30克
咖啡豆……15克
清水……50毫升

Tools

工具

磨豆机……1台
摩卡壶……1个
煤气炉……1台
咖啡杯……1个

How to Make

一杯好咖啡的制作步骤

1 将咖啡豆放入磨豆机中，磨成粉状（中度粉）。

2 将咖啡粉放入摩卡壶的粉槽中,往摩卡壶的下座倒入清水。

3 将粉槽安装到咖啡壶下座，再将咖啡壶上座与下座连接好。

4 将摩卡壶放在煤气炉上加热3~5 分钟，出现咖啡往外溢出现象。

5 往咖啡杯中放入黄油。

6 将煮好咖啡倒入装有黄油的咖啡杯中，搅拌均匀即可。

康宝蓝

第一口，冰凉的奶油香甜细腻；
第二口，温热的咖啡强烈冲击味蕾。
焦糖的甜与咖啡的醇相互交织，
不同的味道萦绕舌尖。

Recipe

配方

咖啡豆……………………15 克
清水……………………50 毫升
打发淡奶油、糖浆… 各适量

Tools

工具

磨豆机……………………1 台
摩卡壶……………………1 个
煤气炉……………………1 台
奶油枪……………………1 个
咖啡杯……………………1 个

How to Make

一杯好咖啡的制作步骤

1 将咖啡豆放入磨豆机中，磨成粉状（中度粉）。

2 将咖啡粉放入摩卡壶的粉槽中，往摩卡壶的下座倒入清水。

3 将粉槽安装到咖啡壶下座上，再将咖啡壶上座与下座连接好。

4 将摩卡壶放在煤气炉上加热3~5分钟，出现咖啡往外溢出现象。

5 当提取完所有的咖啡后，将摩卡壶从煤气炉上取下，将煮好的咖啡倒入咖啡杯中。

6 将打发的淡奶油倒入奶油枪中，再往杯子上挤上淡奶油，再淋上适量糖浆。

Tips

咖啡的口味浓郁芳香，并带有肉桂香料的味道，酸度也较为均衡适度。

HAWAIIAN COFFEE

夏威夷咖啡

Recipe

配方

夏威夷科纳咖啡豆··15 克
黄糖··························10 克
热水···················270 毫升

Tools

工具

磨豆机························1 台
虹吸壶························1 个
咖啡杯························1 个
木勺···························1 个

How to Make

制作步骤

1 将夏威夷科纳咖啡豆用磨豆机磨成粉（中度粉）。
2 将热水倒入虹吸壶下壶中，把过滤器放进上壶，将底部燃气炉点燃，把上壶斜插入下壶中。
3 当下壶的水完全上升至上壶以后，倒入咖啡粉，用木勺拌匀，经过 25 秒钟后用木勺进行第二次搅拌，搅拌后 1 分钟左右熄灭燃气炉，等待咖啡滴入下壶中。
4 将萃取好的咖啡倒入咖啡杯中。
5 放入黄糖，搅拌均匀即可。

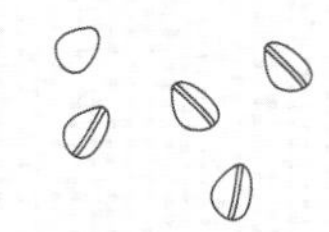

榛果咖啡

Recipe

配方

意式浓缩咖啡……30 毫升
冰牛奶……………120 毫升
榛果果露…………18 毫升
打发的淡奶油……… 适量
榛果碎…………………… 少许

Tools

工具

发泡钢杯……………… 1 个
意式咖啡机………… 1 台
量杯………………………… 1 个
咖啡杯…………………… 1 个
奶油枪…………………… 1 个

How to Make

制作步骤

1 将冰牛奶放入发泡钢杯中，用意式咖啡机蒸汽管加热至 65℃，打发起泡，然后倒入咖啡杯中。
2 用意式咖啡机制作出一杯浓缩咖啡约 30 毫升。
3 用量杯量取榛果果露，倒入咖啡杯中。
4 将打发的淡奶油加入奶油枪，在咖啡上挤上淡奶油，并撒上榛果碎装饰即可。

Tips

使用意式咖啡机前，在滤器中注入热水清洗，并温热器具，再用布擦干水。

玛莎克兰咖啡

有人说，玛莎克兰咖啡适合失恋的人喝，
因为酸、甜、苦……诸味俱陈。
其实人生就是五味杂陈的，
何必非要在伤心时才来上这么一杯奇特的咖啡呢？

Recipe

配方

黑咖啡………………250 毫升
白砂糖……………………10 克
柠檬片……………………… 1 片
肉桂棒……………………… 1 根
红葡萄酒…………150 毫升

Tools

工具

虹吸壶……………………… 1 个
奶锅………………………… 1 口
咖啡杯……………………… 1 个

How to Make

一杯好咖啡的制作步骤

1 用虹吸壶萃取黑咖啡待用（虹吸壶萃取做法见55页）。

2 奶锅中倒入备好的黑咖啡。

3 放入红葡萄酒，加入白砂糖。

4 放入柠檬片，用肉桂棒代替勺子搅拌均匀，微微加热。

5 将加热后的咖啡倒入杯中。

6 用肉桂棒轻轻搅拌均匀即可。

> **Tips**
> 杯中的咖啡不要装得太满，大约八九分即可，留适量的余地挤上奶泡，做花型。

JAPAN MATCHA COFFEE

日式抹茶咖啡

Recipe 配方

意式浓缩咖啡……50 毫升
抹茶粉……25 克
冰牛奶……200 毫升
黄糖……15 克
凉开水……少许

Tools 工具

意式咖啡机……1 台
发泡钢杯……1 个
咖啡杯……1 个

How to Make 制作步骤

1 用意式咖啡粉萃取出 50 毫升浓缩咖啡（意式咖啡机萃取做法见 62 页）；将黄糖加少许凉开水拌匀，制成糖水。

2 把冰牛奶、糖水与抹茶粉倒入发泡钢杯中，用意式咖啡机蒸汽管加热至约 65℃，打发至起泡。

3 将加热好的部分奶泡倒入咖啡杯中，再从正中间注入浓缩咖啡。

4 将发泡钢杯倾斜，靠在咖啡杯边缘，左右晃动倒入剩余奶泡，做成叶子图案装饰即可。

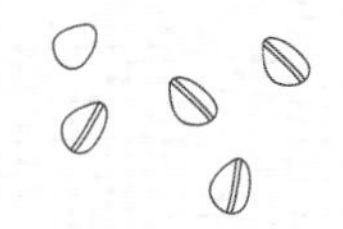

可可椰风咖啡

Recipe

配方

意式浓缩咖啡……50 毫升
可可粉……20 克
冰牛奶……150 毫升
椰风摩卡粉……15 克
巧克力酱……适量

Tools

工具

发泡钢杯……1 个
咖啡杯……1 个
意式咖啡机……1 台
勺子……1 个

How to Make

制作步骤

1 用意式咖啡机萃取出 50 毫升浓缩咖啡（意式咖啡机萃取做法见 62 页），将浓缩咖啡倒入咖啡杯中。

2 将冰牛奶、可可粉、椰风摩卡粉一起倒入发泡钢杯中，用意式咖啡机蒸汽管加热至约 65℃，至微微起泡。

3 用勺子挡住奶泡，将加热的牛奶倒入咖啡杯中。

4 再铺上一层奶泡，最后挤上巧克力酱装饰即可。

Tips

如果家里没有发泡钢杯这种器具，可以用微波炉先加热牛奶。

芬兰芝士咖啡

如果你是资深的芝士控，
不妨试一下来自芬兰的芝士咖啡。
冬日里来一杯这么暖胃的咖啡，
绝对是一件乐事。

Recipe

配方

黑咖啡……………150 毫升
芝士……………………… 适量

Tools

工具

虹吸壶…………………… 1 个
喷枪……………………… 1 个
咖啡杯…………………… 1 个
勺子、刀…………… 各 1 把

How to Make

一杯好咖啡的制作步骤

1 用虹吸壶萃取黑咖啡。（虹吸壶萃取做法见 55 页）

2 将芝士切成 3 厘米厚的块状。

3 用喷枪将芝士块用微火烤至表面微焦。

4 将烤好的芝士放入咖啡杯中。

5 最后冲入黑咖啡。

6 饮用咖啡时用勺子搅拌均匀即可。

Tips

更喜欢流动口感的人，可以多加一点牛奶；还可以用糖浆来代替蜂蜜，口感也不错。

CREAM PUMPKIN LATTE

奶油南瓜拿铁

Recipe

配方

意式浓缩咖啡············30 毫升
热水··························25 毫升
蜂蜜··························10 克
南瓜··························200 克
冰牛奶······················150 毫升
打发淡奶油、肉桂粉···各适量

Tools

工具

发泡钢杯············1 个
意式咖啡机·········1 台
咖啡杯···············1 个
刀·······················1 把
蒸锅···················1 口
搅拌机················1 台
奶油枪················1 个

How to Make

制作步骤

1 南瓜去皮，切块，蒸熟后放入搅拌机，搅拌匀。

2 将冰牛奶、蜂蜜、热水一起放入发泡钢杯中，用意式咖啡机蒸汽管加热至约 65℃，直到牛奶发泡。

3 将意式浓缩咖啡注入咖啡杯中，再缓缓注入牛奶混合物、南瓜糊拌匀。

4 将淡奶油装入奶油枪，挤入打发淡奶油，撒上肉桂粉即可。

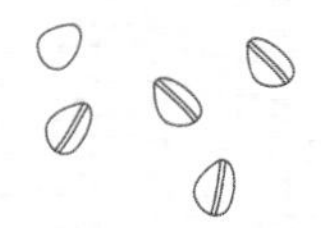

棉花糖咖啡

Recipe

配方

意式浓缩咖啡………60 毫升
冰牛奶………………150 毫升
糖浆………………………10 克
棉花糖、巧克力酱…各适量

Tools

工具

发泡钢杯…………………1 个
意式咖啡机………………1 台
咖啡杯……………………1 个

How to Make

制作步骤

1 将冰牛奶、糖浆放入发泡钢杯，用意式咖啡机蒸汽管加热至约 65℃，至牛奶微微起泡。
2 将 30 毫升意式浓缩咖啡倒入咖啡杯中。
3 将热牛奶混合物倒入剩余意式浓缩咖啡中拌匀，再倒入咖啡杯中至八分满。
4 最后放入棉花糖，淋上巧克力酱装饰即可。

越南咖啡

“越南有三宝”，奥黛、咖啡和摩托。
一个标准西贡式夜晚，
就应该找个咖啡馆坐下，
一边啜着咖啡，一边看满街的奥黛少女。

Recipe

配方

越南咖啡豆…………12 克
热水………………150 毫升
炼乳……………………适量

Tools

工具

电动磨豆机……………1 台
越南咖啡壶……………1 个
咖啡杯…………………1 个
压板……………………1 个

How to Make

一杯好咖啡的制作步骤

1 将越南咖啡豆放入电动磨豆机中，磨成粉状（粗磨粉）。

2 用少量热水润湿越南咖啡壶的滴滤壶，放入咖啡粉，使咖啡粉平整。

3 在咖啡粉上放入压板，轻轻按压，即完成萃取准备。

4 在咖啡杯底部倒入炼乳，铺满杯底。

5 往滴滤壶中倒热水，盖上盖子，放置在装有炼乳的杯子上方。

6 待咖啡萃取结束后取下滴滤壶，饮用时搅拌均匀即可。

Tips

卡鲁哇是一种酒，又名甘露咖啡酒。它是咖啡豆在烘焙过程中加入甘蔗一起烘烤而成的。

KAHLUA COFFEE

卡鲁哇咖啡

Recipe

配方

黑咖啡……………150 毫升
甘露咖啡酒………15 毫升
打发淡奶油…………适量
咖啡豆………………适量

Tools

工具

咖啡杯…………………1 个
滴滤壶…………………1 个

How to Make

制作步骤

1 用滴滤壶萃取出黑咖啡（滴滤壶萃取做法见 48 页）。
2 将黑咖啡倒入温好的咖啡杯中。
3 在咖啡上放入适量打发淡奶油，再淋入甘露咖啡酒。
4 最后放上咖啡豆装饰即可。

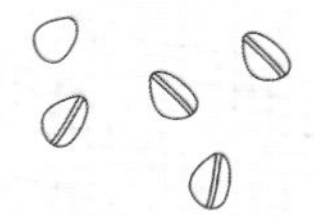

乔治咖啡

Recipe

配方

意式浓缩咖啡……30 毫升
红糖姜汁…………50 毫升
冰牛奶………… 200 毫升
姜粉……………………适量

Tools

工具

意式咖啡机……………1 台
发泡钢杯………………1 个
汤匙……………………1 个
咖啡杯…………………1 个

How to Make

制作步骤

1 将冰牛奶、红糖姜汁一起倒入发泡钢杯中，用意式咖啡机蒸汽管加热至约 65℃，至微微起泡。
2 将加热过后的姜汁奶沿着汤匙倒入咖啡杯中，留少许姜汁奶及奶泡备用。
3 再沿汤匙缓缓注入浓缩咖啡，制造出分层效果。
4 倒入剩余的姜汁及奶泡，撒上姜粉即可。

维也纳咖啡

在维也纳，与音乐并驾齐名的
是一个与音乐毫不相关的东西——咖啡馆。
无论是晴天还是雨季，
一杯咖啡总能带给你一个好心情！

Recipe

配方

咖啡豆……………………15 克
热水………………270 毫升
黄糖……………………5 克
淡奶油、冰块…… 各适量

Tools

工具

磨豆机……………………1 台
虹吸壶……………………1 个
木勺……………………1 把
咖啡杯……………………1 个

How to Make

一杯好咖啡的制作步骤

1 将咖啡豆放入磨豆机中，磨成粉状。将热水倒入下壶中。

2 把过滤器放进上壶，拉住铁链尾端，轻轻钩在玻璃管末端。

3 将底部燃气炉点燃，把上壶斜插入下壶中。

4 在下壶的水完全上升至上壶以后，倒入咖啡粉，用木勺拌匀。

5 25 秒钟后，进行第二次搅拌；搅拌后 1 分钟左右熄灭燃气炉，等待咖啡滴入下壶中。

6 往备好的杯子中加入黄糖，倒入萃取好的咖啡，倒入淡奶油、冰块，饮用时搅拌均匀即可。

Tips

海盐咖啡有着独特的口感。刚开始入口的是海盐泡沫的咸味，感觉很特别。

SEA SALT COFFEE

海盐咖啡

Recipe

配方

黑咖啡…………200 毫升
淡奶油…………100 毫升
芝士粉……………10 克
玫瑰盐………………3 克

Tools

工具

虹吸壶……………1 个
电动搅拌器………1 个
咖啡杯……………1 个
铁盆………………1 个

How to Make

制作步骤

1 将淡奶油倒入铁盆中，加入芝士粉，用电动搅拌器打发成奶油泡。

2 将用虹吸壶萃取好的黑咖啡 200 毫升（虹吸壶萃取做法见 55 页），倒入咖啡杯中。

3 用打发好的奶油泡封顶。

4 最后撒上玫瑰盐，饮用时搅拌均匀即可。

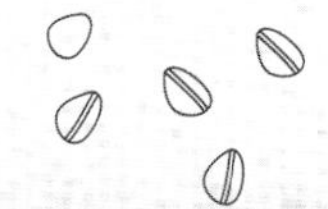

皇家咖啡

Recipe

配方

黑咖啡……200毫升
方糖……1块
威士忌……适量

Tools

工具

虹吸壶……1个
汤匙……1把
咖啡杯……1个
打火机……1个

How to Make

制作步骤

1 选用适量浅烘焙咖啡豆（如巴西、哥伦比亚、摩卡或有机秘鲁咖啡等），用虹吸壶萃取出适量黑咖啡（虹吸壶萃取做法见55页）。
2 将黑咖啡倒入咖啡杯中。
3 将方糖和威士忌酒放入汤匙内，再将汤匙平放在杯口上。
4 点燃汤匙内的酒，燃烧至方糖溶化，饮用时将汤匙中的糖酒混合液放入咖啡中搅拌均匀即可。

柠檬咖啡

柠檬的芳香，
蜿蜒地流入咖啡中，
瞬间，咖啡的浓香与柠檬的清香融为一体，
清新气息扑面而来。

Recipe

配方

黑咖啡……………250 毫升
白砂糖……………………10 克
柠檬片……………………1 片
烈酒…………………20 毫升

Tools

工具

虹吸壶……………………1 个
咖啡杯……………………1 个
打火机……………………1 个
汤匙………………………1 个

How to Make

一杯好咖啡的制作步骤

1 用虹吸壶萃取出黑咖啡（虹吸壶萃取做法见55页），待用。

2 将萃取好的黑咖啡倒入备好的咖啡杯中。

3 往杯子中放入柠檬片。

4 在柠檬片上放上白砂糖。

5 倒入烈酒，用打火机将其点燃，去除烈酒中的酒精成分。

6 待火焰熄灭后，用汤匙搅拌均匀即可。

Tips

制作这款咖啡所用的黑咖啡是使用虹吸壶萃取而得的（虹吸壶萃取做法见55页）。

MINT COFFEE

薄荷咖啡

Recipe

配方

黑咖啡……………150毫升
薄荷糖浆…………15毫升

Tools

工具

虹吸壶……………………1个
玻璃杯……………………1个
汤匙………………………1把

How to Make

制作步骤

1 往备好的玻璃杯中挤入薄荷糖浆。
2 倒入备好的黑咖啡。
3 饮用咖啡时用汤匙搅拌均匀即可。

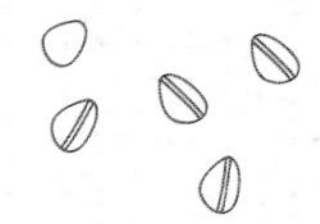

豆奶咖啡

Recipe

配方

意式浓缩咖啡……30 毫升
豆奶………………200 毫升

Tools

工具

意式咖啡机……………1 台
咖啡杯…………………1 个
发泡钢杯………………1 个

How to Make

制作步骤

1 将豆奶倒入发泡钢杯中，用意式咖啡机蒸汽管将其打成奶泡。
2 将萃取好的约 30 毫升意式浓缩咖啡倒入咖啡杯中。
3 再往咖啡杯中倒入豆奶奶泡，拉出好看的图案，饮用时搅拌均匀即可。

这款咖啡少了一分苦涩，多了一分豆奶香，口感上更纯，低热量又轻脂。

第6章

热卖创意冰咖啡

炎炎夏日里，来一杯冰爽醒脑的冰咖啡，

成为了很多咖啡爱好者的选择。

近年来，冰咖啡早已摆脱以往“无聊”的形象，

无论视觉或风味上，都出现许多新“玩法”！

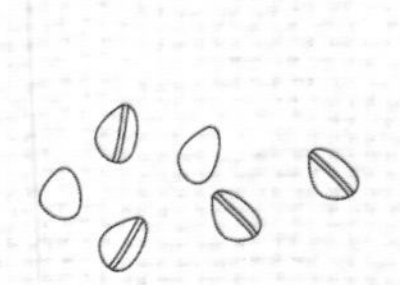

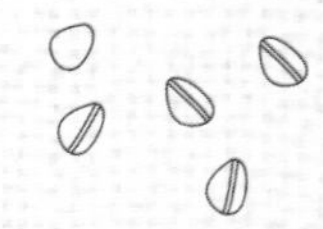

冰滴咖啡

在咖啡里，能与手冲的优雅相提并论的，
大概只有冰咖啡界的女神级饮品冰滴咖啡了。
夏日正当时，拒绝高糖的你，
一杯冰饮绝对是熨帖焦躁心灵的首选。

Recipe

配方

咖啡豆……………………30 克
冰块……………………200 克
冷开水…………100 毫升

Tools

工具

冰滴壶……………………1 个
电动磨豆机……………1 台
密封瓶……………………1 个
咖啡杯……………………1 个
萃取瓶……………………1 个
收集瓶……………………1 个

How to Make

一杯好咖啡的制作步骤

1 将冷开水倒入冰块中混合，制成冰水混合物。

2 将咖啡豆放入磨豆机中，用电动磨豆机磨成比粗砂糖细的粉末。

3 将磨好的咖啡粉倒入装有滤网的萃取瓶中，并将咖啡粉整平。

4 将萃取瓶置于收集瓶上方。将冰水混合物放入盛水器中。

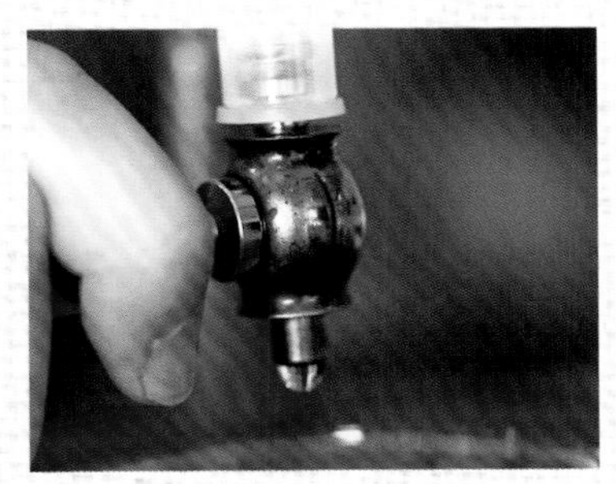

5 打开水滴调整阀，以 10 秒 8 滴左右的慢速滴滤，待上壶的冰水滴完后，取出萃取瓶。

6 将萃取好的咖啡倒入密封瓶中，冷藏 2 天，取出，倒入装有冰块的咖啡杯中即可。

Tips

有时喝咖啡可以吃些点心，但不要一手拿着点心，一手端着咖啡杯。

ICED TOFFEE COFFEE

巧妃摩卡冰咖啡

Recipe

配方

意式浓缩咖啡……30 毫升
巧妃摩卡粉…………15 克
黄糖…………………10 克
冰牛奶……………200 毫升
冰块………………… 适量

Tools

工具

发泡钢杯…………………1 个
意式咖啡机………………1 台
咖啡杯……………………1 个

How to Make

制作步骤

1 将冰牛奶、巧妃摩卡粉、黄糖一起倒入发泡钢杯中。
2 用意式咖啡机的蒸汽管加热至约 40℃，隔着冰块冷却。
3 备好的咖啡杯中倒入适量的冰块。
4 再依次倒入步骤 2 中的混合牛奶、意式浓缩咖啡，饮用时拌匀即可。

黑骑士摩卡冰咖啡

Recipe

配方

意式浓缩咖啡……50 毫升
黑巧克力粉…………18 克
黄糖……………………10 克
冰牛奶……………150 毫升
奶泡、冰块………各适量
咖啡豆…………………少许

Tools

工具

发泡钢杯…………………1 个
意式咖啡机……………1 台
咖啡杯……………………1 个

How to Make

制作步骤

1 将萃取好的意式浓缩咖啡隔冰块冷却。

2 将冰牛奶、黑巧克力粉、黄糖一起倒入发泡钢杯中，搅拌均匀。

3 取咖啡杯，放入适量冰块，再依次倒入混合冰牛奶和意式浓缩咖啡，搅拌均匀。

4 再铺上一层奶泡，撒上少许黑巧克力粉，装饰上咖啡豆即可。

ICE CRYSTAL COFFEE

冰晶咖啡

一颗颗黄糖犹如天上的繁星，
一闪一闪，沉入杯底。
酸甜可口的味道，
令人意犹未尽！

Recipe

配方

冰滴咖啡………200 毫升
柠檬汁……………30 毫升
黄糖…………………5 克
柠檬片………………1 片
冰块…………………适量

Tools

工具

冰滴壶………………1 个
咖啡杯………………1 个

How to Make

一杯好咖啡的制作步骤

1 用冰滴壶萃取出冰滴咖啡（冰滴咖啡做法见126页）。

2 将柠檬汁倒入备好的杯子中。

3 再放入冰块。

4 倒入备好的冰滴咖啡。

5 撒入黄糖，轻轻摇晃，使黄糖沉入杯底。

6 放入柠檬片，饮用时搅拌均匀即可。

Tips

肉桂粉还可以替换成银珠糖，将银珠糖撒到淡奶油上，整杯咖啡瞬间变的熠熠闪光。

ICED ITALIAN COFFEE BRANDY

意式皇家冰咖啡

Recipe

配方

意式浓缩咖啡……45 毫升
白兰地酒……… 15 毫升
糖浆…………………20 克
冰牛奶………… 120 毫升
打发的淡奶油……40 克
肉桂粉、冰块…各适量
凉开水………………少许

Tools

工具

意式咖啡机………… 1 台
玻璃杯……………………1 个

How to Make

制作步骤

1 用意式咖啡机萃取意式浓缩咖啡（意式咖啡机萃取做法见62页），隔冰块冷却。
2 将白兰地酒、糖浆、意式浓缩咖啡、冰牛奶、少许凉开水一起倒入玻璃杯中搅拌均匀。
3 再放入冰块至八成满。
4 在咖啡上放入打发的淡奶油，再撒上肉桂粉装饰即可。

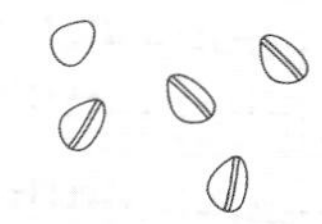

越南冰咖啡

Recipe

配方

越南咖啡粉…………15 克
炼乳…………………15 克
冰块…………………适量
热水…………………适量

Tools

工具

越南咖啡壶…………1 个
玻璃杯………………1 个
压板…………………1 块

How to Make

制作步骤

1 在玻璃杯中倒入炼乳，在杯子上放上越南咖啡壶。
2 放入越南咖啡粉，然后在咖啡粉上放上压板，轻轻按压。
3 从压板上慢慢倒入适量热水，静止 30 秒让其闷蒸，直到热水滴落。
4 在越南咖啡壶的滴滤壶中倒满热水，待热水全部滴落，放凉后加入冰块拌匀即可。

阿芙佳朵

炎炎夏日，有一种幸福叫“阿芙佳朵”！
纯手工制作的凉爽甜香原味冰淇淋，
搭配上饱满柔绵、酸苦均衡的浓咖啡，
在夏天里带给你一场味觉盛宴！

Recipe

配方

冰淇淋……………………适量
咖啡豆……………………15 克
清水………………………50 毫升

Tools

工具

磨豆机……………………1 台
摩卡壶……………………1 个
煤气炉……………………1 个
咖啡杯……………………1 个

How to Make

一杯好咖啡的制作步骤

1 将咖啡豆放入磨豆机中，磨成粉状。

2 将磨好的咖啡粉放入摩卡壶的粉槽中。

3 往摩卡壶的下座倒入清水，将粉槽安装到咖啡壶下座上。

4 将咖啡壶的上座与下座连接起来。

5 将摩卡壶放在煤气炉上加热3～5分钟，出现咖啡往外溢出现象。

6 当提取完所有的咖啡后，将摩卡壶从煤气炉上取下，将咖啡倒入装有冰淇淋的咖啡杯中。

Tips

姜汁奶要充分冷却后再倒入杯中，这样才能更好地制造出分层效果。

ICED GINGER COFFEE

乔治冰咖啡

Recipe

配方

意式浓缩咖啡……30 毫升
红糖姜汁…………50 毫升
冰牛奶……………150 毫升
姜粉、冰块……… 各适量

Tools

工具

发泡钢杯…………………1 个
意式咖啡机………………1 台
咖啡杯……………………1 个

How to Make

制作步骤

1 将冰牛奶、红糖姜汁一起倒入发泡钢杯中。
2 用意式咖啡机的蒸汽管加热至约 40℃，打发成奶泡。
3 咖啡杯中倒入适量的冰块，再倒入姜汁奶泡。
4 缓缓注入意式浓缩咖啡，制造出分层效果。
5 撒上姜粉即可。

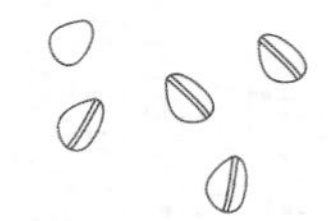

漂浮冰咖啡

Recipe

配方

咖啡豆……………………16 克
黄糖………………………15 克
香草冰淇淋球…………1 个
打发的淡奶油、冰块、
巧克力酱……………各适量

Tools

工具

磨豆机……………………1 台
手冲滤杯…………………1 个
咖啡壶……………………1 个
手冲壶……………………1 把
滤纸………………………1 张
咖啡杯……………………1 个

How to Make

制作步骤

1 将咖啡豆用磨豆机磨成粉（中度粉），用滤纸滴滤壶萃取 150 毫升咖啡（滴滤壶萃取做法见 48 页），隔冰块冷却。

2 将冷却后的咖啡倒入咖啡杯中，放入黄糖、冰块拌匀。

3 再放入香草冰淇淋球，加入打发淡奶油和巧克力酱即可。

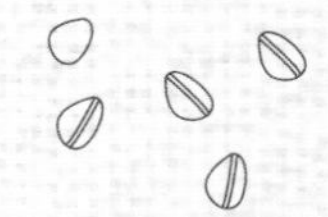

牛奶咖啡冻

优质现磨咖啡豆，
手冲萃取出浓香咖啡，
咖啡的醇香与牛奶的浓厚相结合，
口感细腻，回味无穷！

Recipe

配方

牛奶……………………80 毫升
咖啡豆…………………15 克
清水……………………50 毫升

Tools

工具

磨豆机……………………1 台
摩卡壶……………………1 个
煤气炉……………………1 个
咖啡杯……………………1 个
冰格………………………1 个
奶缸………………………1 个

How to Make

一杯好咖啡的制作步骤

1 将咖啡豆放入磨豆机中，磨成粉状。

2 将咖啡粉放入摩卡壶的粉槽中。往摩卡壶的下座倒入清水。

3 将粉槽安装到咖啡壶下座上，将咖啡壶的上座与下座连接起来。

4 将摩卡壶放在煤气炉上加热 5 分钟，出现咖啡往外溢出现象。

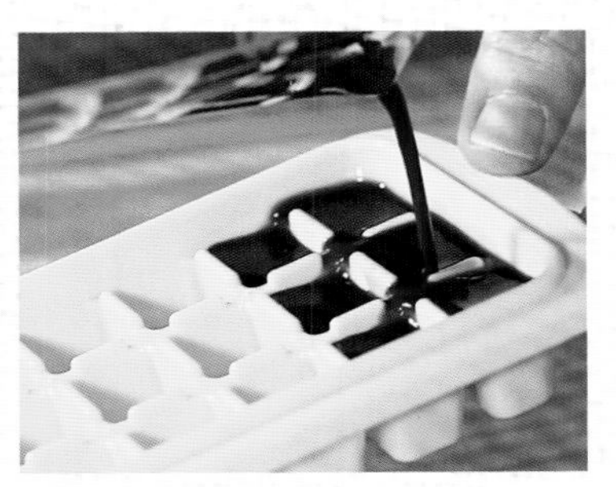

5 将煮好咖啡倒入奶缸中，放凉，再将晾凉的咖啡倒入冰格中。

6 将冰格放入冰箱冻成冰块，取出，放入装有牛奶的杯子中，饮用时搅拌均匀即可。

Tips

这款咖啡取名诺曼底，是因为采用法国诺曼底地区产的苹果白兰地酒加上咖啡调配而成。

ICED SPICED APPLE COFFEE

诺曼底冰咖啡

Recipe

配方

意式浓缩咖啡…30 毫升
苹果白兰地酒…15 毫升
肉桂果露…………8 毫升
冷牛奶……… 200 毫升
打发淡奶油…………适量
肉桂粉…………………适量
冰块……………………适量

Tools

工具

意式咖啡机…………1 台
咖啡杯…………………1 个

How to Make

制作步骤

1 用意式咖啡机萃取出浓缩咖啡30 毫升（意式咖啡机萃取做法见 62 页）。
2 将意式浓缩咖啡隔冰块冷却，倒入咖啡杯中。
3 杯中再倒入苹果白兰地酒、肉桂果露、冷牛奶，搅拌匀。
4 将打发的淡奶油铺在咖啡上，再撒上肉桂粉装饰即可。

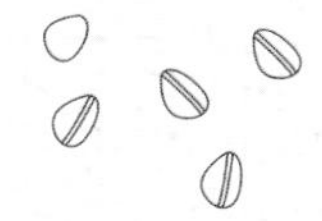

海盐冰咖啡

Recipe

配方

意式浓缩咖啡……30 毫升
冰牛奶…………200 毫升
海盐………………………3 克
冰块、巧克力酱…各适量

Tools

工具

意式咖啡机……………1 台
发泡钢杯…………………1 个
咖啡杯……………………1 个

How to Make

制作步骤

1 用意式咖啡机萃取出浓缩咖啡 30 毫升（意式咖啡机萃取做法见 62 页）。
2 将意式浓缩咖啡倒入装有冰块的咖啡杯中。
3 将部分冰牛奶倒入咖啡杯中，搅拌均匀。
4 将剩余冰牛奶放入发泡钢杯中，放入海盐，打发成奶泡。
5 将打发好的奶泡铺入咖啡杯中，再挤上巧克力酱装饰即可。

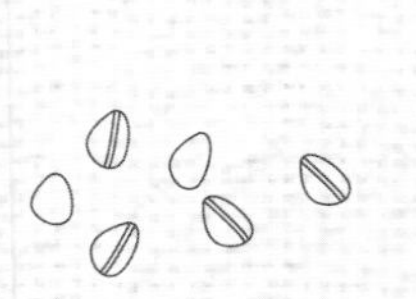

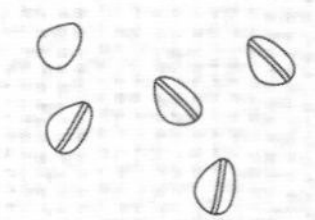

冰拿铁

深咖色与奶白色对比分明，
形成曼妙的视觉效果，太过诱人。
酷暑，炎热，
你需要一杯清凉的冰拿铁降降温。

Recipe

配方

咖啡豆……………………20 克
牛奶………………………300 毫升
香草糖浆…………………10 毫升
冰块………………………适量

Tools

工具

电动磨豆机………………1 台
意式咖啡机………………1 台
压粉器……………………1 个
咖啡杯……………………1 个
玻璃杯……………………1 个

How to Make

一杯好咖啡的制作步骤

1 将咖啡豆放入电动磨豆机中，将其磨成粉末。

2 在滤器中盛入咖啡粉，用压粉器将咖啡粉表面按压平整。

3 将滤器安装在意式咖啡机上，开始萃取咖啡，接入咖啡杯中。

4 玻璃杯中挤入香草糖浆。

5 再往玻璃杯中倒入冰块，再注入牛奶。

6 最后倒入意式浓缩咖啡，饮用时搅拌均匀即可。

Tips

倒入浓缩咖啡的时候动作要缓慢，以达到分层效果。

ICED TIRAMISU COFFEE

提拉米苏冰咖啡

Recipe
配方

意式浓缩咖啡……45毫升
冰牛奶……120毫升
爱尔兰果露……15毫升
巧克力果露……10毫升
冰块、打发淡奶油、巧克力粉、手指饼干…各适量

Tools
工具

意式咖啡机……1台
玻璃杯……1个

How to Make
制作步骤

1 用意式咖啡机萃取出浓缩咖啡（意式咖啡机萃取做法见62页）。
2 将萃取好的意式浓缩咖啡隔冰块降温备用。
3 将冰牛奶、爱尔兰果露和巧克力果露倒入玻璃杯中搅拌均匀。
4 再放入冰块，注入意式浓缩咖啡。
5 在咖啡上铺上打发的淡奶油，再撒上巧克力粉、手指饼干装饰即可。

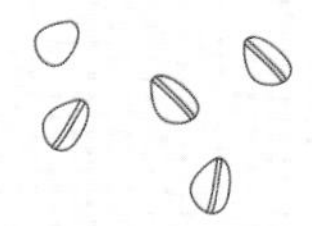

薄巧摩卡冰咖啡

Recipe

配方

意式浓缩咖啡……30 毫升
冰牛奶……150 毫升
琼脂……2 克
薄荷巧克力粉……25 克
椰风摩卡粉……15 克
奶泡、冰块……各适量

Tools

工具

意式咖啡机……1 台
电动搅拌机……1 台
玻璃杯……1 个

How to Make

制作步骤

1 用意式咖啡粉萃取出浓缩咖啡（意式咖啡机萃取做法见 62 页），隔冰块冷却。

2 取出电动搅拌机，倒入浓缩咖啡、冰牛奶、椰风摩卡粉、琼脂、适量冰块，搅打均匀。

3 将搅打好的咖啡倒入玻璃杯中，再铺上一层奶泡，撒上少许薄荷巧克力粉装饰即可。

亚特兰咖啡苏打

柔和的果酸及柑橘味刷过你的味蕾，
口腔中迸裂出的快感，
让人回味无穷……
喝一次就能令人着迷！

Recipe

配方

冰滴咖啡…………50 毫升
可乐………………250 毫升
白砂糖……………100 克
柠檬汁……………60 毫升
苏打水……………适量
柠檬片……………1 片

Tools

工具

奶锅………………1 口
勺子………………1 把
玻璃杯……………1 个

How to Make

一杯好咖啡的制作步骤

1 奶锅中倒入可乐。

2 加入备好的柠檬汁。

3 放入白砂糖，加热，熬煮成可乐糖浆。

4 熬煮时要用勺子不断地搅拌，熬煮好后关火，放凉。

5 将放凉的可乐糖浆倒入装有冰滴咖啡的玻璃杯中。

6 最后倒入苏打水，装饰上柠檬片，饮用时用勺子搅拌均匀即可。

Tips

冷水煮沸需要花费很长时间，为了省时，可将倒入摩卡壶下座的冷水换成热水。

COFFEE SODA

咖啡苏打

Recipe

配方

咖啡豆……………………15 克
清水………………………50 毫升
苏打水……………………250 毫升
冰块………………………适量

Tools

工具

磨豆机……………………1 台
摩卡壶……………………1 个
煤气炉……………………1 个
玻璃杯……………………1 个

How to Make

制作步骤

1. 将咖啡豆放入磨豆机中，磨成粉状（中度粉）。
2. 将磨好的咖啡粉放入摩卡壶的粉槽中，往摩卡壶的下座倒入清水。
3. 将装满咖啡粉的粉槽安装到咖啡壶下座上，将咖啡壶的上座与下座连接起来。
4. 将摩卡壶放在煤气炉上加热3～5分钟，当提取完所有的咖啡后，将摩卡壶从煤气炉上取下。
5. 往装有冰块的玻璃杯中倒入萃取好的咖啡，倒入苏打水，饮用时搅拌均匀即可。

ICED FRENCH
CAFE AU LAIT

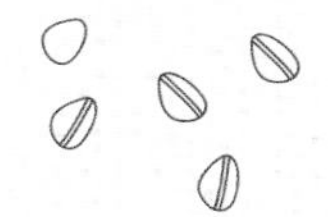

法式欧蕾冰咖啡

Recipe

配方

咖啡豆……24克
冰牛奶……150毫升
黄糖……20克
打发的淡奶油、冰块、巧克力酱……各适量

Tools

工具

磨豆机……1台
手冲滤杯……1个
咖啡壶……1个
手冲壶……1个
滤纸……1张
玻璃杯……1个

How to Make

制作步骤

1 将咖啡豆用磨豆机磨成粉（中度粉）。
2 用滤纸滴滤壶萃取出250毫升黑咖啡（滴滤壶萃取做法见48页）。
3 将黑咖啡倒入玻璃杯中，放入黄糖拌匀，装入冰块至八分满。
4 再缓缓倒入冰牛奶，制造出分层效果。
5 最后挤入打发的淡奶油和巧克力酱即可。

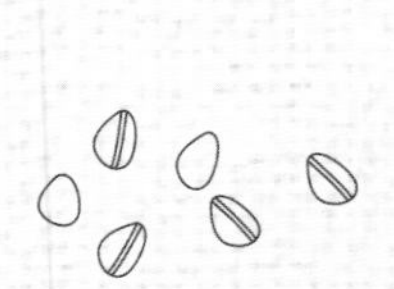

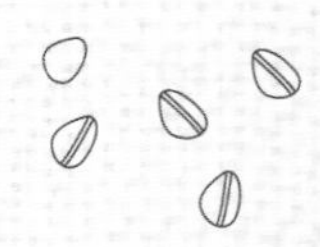

绿森林咖啡

深褐色的液体缓缓沉溺在绿色的怀抱里，
大理石般的纹路透着高贵华丽。
绵密的牛油果与冰淇淋巧妙中和了咖啡的涩味，
无味的牛油果又完整地保留了咖啡的香气。

Recipe

配方

牛油果……………………1 个
意式浓缩咖啡……30 毫升
冰淇淋、淡奶油、巧克力酱……………………各适量

Tools

工具

刀……………………………1 把
勺子…………………………1 把
榨汁机………………………1 台
玻璃杯………………………1 个

How to Make

一杯好咖啡的制作步骤

1 将牛油果对半切开，取出果核，挖出果肉，放入榨汁机中。

2 加入淡奶油，用榨汁机将其打成牛油果泥。

3 用勺子往备好的玻璃杯中放入适量冰淇淋，挤上适量巧克力酱。

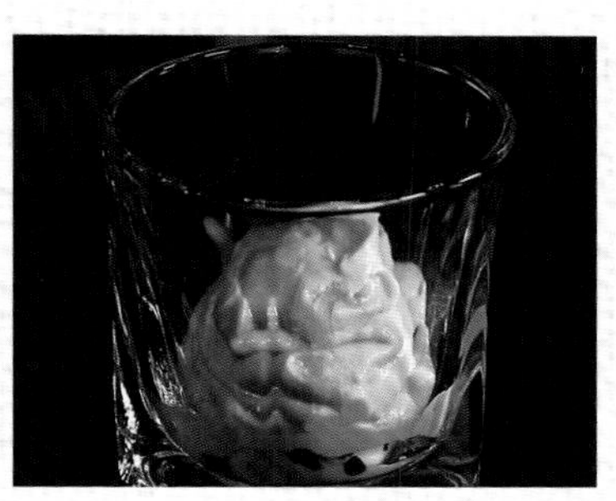

4 倒入一半的牛油果泥，再放入适量冰淇淋，挤上适量巧克力酱。

5 倒入剩余的牛油果泥，放入适量冰淇淋，再挤上适量巧克力酱。

6 最后将意式浓缩咖啡沿着杯沿倒入杯中即可。

Tips

用滤纸滴滤壶萃取咖啡时倒入热水的温度应为 83 ~85℃，这样萃取出的咖啡味道更好。

ICED COINTREAU COFFEE

香榭冰咖啡

Recipe

配方

黑咖啡……………………150 毫升
黄糖……………………………10 克
君度酒…………………………20 毫升
打发的淡奶油、浓缩橙汁、冰块、黑巧克力粉....各适量

Tools

工具

玻璃杯…………………………1 个
发泡钢杯………………………1 个
奶锅……………………………1 口

How to Make

制作步骤

1 用滤纸滴滤壶萃取出 150 毫升黑咖啡（滴滤壶萃取做法见 48 页）。
2 将君度酒、黄糖、少许浓缩橙汁一起倒入锅中，加热至黄色，倒入发泡钢杯中，冷却。
3 将冰块装入玻璃杯中，再倒入黑咖啡、君度酒混合液。
4 在咖啡上挤适量打发的淡奶油，撒上黑巧克力粉装饰即可。

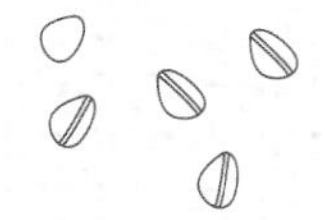

香草冰咖啡

Recipe

配方

意式浓缩咖啡……45 毫升
香草粉……20 克
冰牛奶……150 毫升
冰块……适量

Tools

工具

意式咖啡机……1 台
发泡钢杯……1 个
咖啡杯……1 个

How to Make

制作步骤

1. 用意式咖啡机萃取出浓缩咖啡。
2. 将浓缩咖啡隔冰块冷却。
3. 将冰牛奶和香草粉一起放入发泡钢杯中，用意式咖啡机蒸汽管加热至约 40℃，然后隔冰块冷却。
4. 咖啡杯中倒入冰块，放入香草奶。
5. 再将意式浓缩咖啡缓缓注入杯中，做出分层效果即可。

PEAR
MUFFIN
2.20
CHERRY TOMATO
+
DAIRY LEE
2.40

第7章

品鉴一杯咖啡

当一杯咖啡端到面前，

我们应该学会如何去欣赏它。

在品鉴咖啡时，只有将味觉与嗅觉相结合，

才能真正品鉴出咖啡的品质。

解析咖啡味道

怎样才算是一杯好喝的咖啡呢？众所周知，咖啡的口味很丰富，能给予人不同的感觉。每个人都有自己的口味特点和评判标准，那么，如何让这种口味的描述得到大家的理解和认同呢？

咖啡味道包括多种感觉和层次，掌握了以下这些描述味道的词汇，不仅可让我们更详细地介绍各国咖啡豆的特色，也能够更准确地描述自己的味觉，从而更清楚自己的喜好。

酸度 Acidity

咖啡入口后，轻留在舌尖的滋味。“酸”字看来刺眼，但不是过期腐坏的酸臭味，而是咖啡豆的果实原味和新鲜活力，就像葡萄酒一样，妙处都蕴藏在它的酸味里。新鲜咖啡散发的酸味带着果实的芳香，就像柠檬、葡萄、苹果等水果中所含的天然果酸，口味愉悦而清新。咖啡中，以强烈酸味闻名的是也门摩卡咖啡。

质感，口感 Texture，Mouthfeel

质感是指咖啡在口中浓稠黏滑的触感，约和咖啡中的胶质悬浮量成正比。由于喝咖啡时整个口腔都会感受到质感，我们用“丰厚”来形容质感浓稠的咖啡，反之则用“单薄”。质感单薄的咖啡喝起来的口感像酒或是柠檬汽水，而质感丰厚的咖啡口感则像是全脂鲜奶甚至糖浆。

啜饮咖啡后，在舌背和口腔徘徊不去的味觉感受是浓烈还是清淡，这就是“口感”。质感醇厚的咖啡，即使咖啡粉浓度不高，仍能带来强烈的味觉震荡。一般来说，墨西哥咖啡口味最清淡，而苏门答腊曼特宁咖啡质感则最浓烈。重口味的咖啡最适合与牛奶混合，突显它无法掩盖的地道香醇滋味。

回甘、余韵 Finish

回甘是指咖啡在喝下去或是吐掉以后，在口腔、喉头与食道所留下的感觉。新鲜是能否形成回甘的最主要因素，新鲜咖啡豆做出来的意式浓缩咖啡在喝完以后，除了从口腔到食道残留着咖啡的芳香以及被刺激后的余韵外，喉头还会涌上一股酥麻的感觉，持续两三分钟；而这个令人陶醉的余韵在三四十分钟后才会消失。回甘使呼吸充满着芳香，让人不忍喝水把它冲淡。这和过度萃取造成的令人不适的辛辣、刺激与干涩感大大不同。

甜味 Sweet

我们说“这汤很甜”时，并不一定指汤里放了很多糖，同样，在形容咖啡味道的字眼里，甜味也有两种意思：第一种是糖对舌尖产生的刺激，也就是一般所谓的甜味；另一种则是指在深度烘焙到意式浓缩咖啡烘焙之间（开始出油前后），由于部分涩味物质消失，赋予咖啡一种低酸性、圆润柔和且质感丰富的甘醇味道，令人联想到糖浆。

刺激感、涩味 Bitter

这是深度烘焙豆的特征，和酸味一样不一定会令人不适。刺激感有点像汽水带来的口感，是整个口腔与喉咙而不只是舌头的感觉。一般喝美式咖啡或是塞风式咖啡会用“浓烈”来形容这种特色。

土味，狂野 Earthiness，Wildness

这种味道通常会在日晒法处理的咖啡中出现，从某种角度来说是一种咖啡味道的缺陷。那是像汽水般有一点点刺激的感觉，类似令人愉悦的酸中混入了些微令人不快的酸，摩卡的酸味就是这种味道的典型。有时候微微的土味或稍微刺激一点的粘着土的生姜味会为咖啡注入活力，或者让人的感官更清醒敏锐。

干净 Clean

咖啡没有土味、不狂野，并且没有缺陷和令人眼花缭乱的特色。水洗的哥伦比亚咖啡可为此类的代表咖啡。

平顺 Smooth

指酸味与刺激感微弱，偶尔加一点点糖而且不用加牛奶就可以舒服地饮用。甘甜的意式浓缩咖啡即可如此形容。

复杂度 Complexity

同一杯咖啡中所并存的不同层次的特色，复杂度高表示可以感受到的感官刺激种类较多。要注意的是这些感觉包括了余韵，不一定限于咖啡在口中时的感受。

平衡 Balance

咖啡有够复杂而令人感兴趣的特色，但没有某一种特色特别突出。

深度 Depth

这是一个较为主观的形容词，指超越感官刺激的共鸣与感染力，是一些细致的感觉或是不同感觉间的复杂交互作用所造成的心理震动。

香味 Aroma

弥漫游走在空气中的咖啡醇香。从烘焙、研磨到冲煮，咖啡豆在它漫长旅途中的每一站，都极尽力气释放芳香。

风味 Flavor

串联以上词汇，拼贴成的咖啡印象。有的咖啡风味多样，酸、甜、苦面面俱到，有的则酸味极度泛滥，完全占领你的嗅觉和味觉。也有人习惯用“感觉”来主宰判断咖啡是否有自己的风格，是否别具风格或有水果芳香，气质是温柔还是阳刚。这是品味过程中，最感性的一面。

至于咖啡带来的味觉，其他常用的词汇还有丰富（Richness）、特色（Character）等，咖啡味道有的可以望文生义，有的意思太含糊，这需要我们不断地品尝和甄别，通过实践的积累，你必然会成为优秀的品鉴家。

品鉴一杯咖啡的步骤

一杯咖啡端到面前，我们应该学会如何欣赏它。一杯好咖啡有几点要素：香气、味道、风味与回味，下面就来说说如何品鉴一杯咖啡。

第一步：闻香 闻香又分干香与湿香两种，干香是咖啡豆研磨后咖啡粉的味道，湿香则是冲煮后咖啡液的味道。我们在品尝食物时有一大错误认知，认为舌头可以品尝出气味，其实舌头是无法辨别气味的，只有当食物的香气进入鼻腔时，才能完整地感知到食物的味道。

第二步：观色 咖啡的颜色会根据不同的品种略有差别，像非洲的肯尼亚咖啡液偏红，黑咖啡最好呈现深棕色，而不是一片漆黑，深不见底。

第三步：尝味 当咖啡喝到口中的时候，你能感到它不同的风味。在这方面刚刚开始尝试咖啡品鉴的爱好者，总认为咖啡喝着没有闻着好。这是由于咖啡品鉴新手还不能对咖啡进行准确的感官辨别，需要一定的锻炼。

第四步：回味 咖啡风味虽然转瞬即逝，却能在味蕾上留下记忆，也就是回味。咖啡在喝下去后总会有一种味道从喉咙处返回来，有的回味很短暂很模糊，有的则很持久很清晰。具有较持久、较清晰回味的咖啡才是一杯好咖啡。

在品鉴咖啡时，将味觉与嗅觉相结合，才能真正品鉴出咖啡的品质。各种味觉测试、训练是提升自己味觉灵敏度的有效方法，不必太追求咖啡广告上描述的那些咖啡风味，那是一种迷失。